张霞　刘颖　著

少儿编程之旅

趣学Python

人民邮电出版社

北　京

图书在版编目（CIP）数据

少儿编程之旅：趣学Python / 张霞，刘颖著. --
北京：人民邮电出版社，2020.7（2023.7重印）
ISBN 978-7-115-53558-0

Ⅰ．①少… Ⅱ．①张… ②刘… Ⅲ．①软件工具－程
序设计－少儿读物 Ⅳ．①TP311.561-49

中国版本图书馆CIP数据核字(2020)第042326号

内 容 提 要

本书分为 6 章，系统全面地介绍了 Python 语言的基础语法、基本数据类型与组合数据类型。基本
数据类型包括整数、浮点数、字符串、布尔值和空值；组合数据类型包括序列类型（字符串、列表和
元组）、字典类型和集合类型。

本书包括 IT 行业的 14 个故事与话题，例如伊莉莎程序、身份证的数字化、计算机加密算法等；
设计了 110 个案例，例如猜数游戏、绘制小花朵、计算机造句等；列举了 4 个算法分析的案例，分别
是凯撒加密法、换位加密法、英文小说的词频统计以及字典加密器。

本书案例浅显易懂，适合零基础入门 Python 编程的读者，尤其是青少年和儿童。

◆ 著　　　张　霞　刘　颖
　责任编辑　张　爽
　责任印制　王　郁　焦志炜

◆ 人民邮电出版社出版发行　　北京市丰台区成寿寺路 11 号
　邮编　100164　电子邮件　315@ptpress.com.cn
　网址　https://www.ptpress.com.cn
　北京虎彩文化传播有限公司印刷

◆ 开本：800×1000　1/16
　印张：13.5　　　　　　　　　2020 年 7 月第 1 版
　字数：261 千字　　　　　　　2023 年 7 月北京第 6 次印刷

定价：49.00 元

读者服务热线：**(010)81055410**　印装质量热线：**(010)81055316**
反盗版热线：**(010)81055315**
广告经营许可证：京东市监广登字 20170147 号

序

今天，我们正处在智能化的时代。

大部分人对于人工智能的认识是从阿尔法狗（AlphaGo）开始的。2016 年，谷歌的一款围棋程序 AlphaGo 以 4：1 的压倒性优势战胜了围棋世界冠军李世石，使得"人工智能"一词成为热门话题。报道中有一个细节：AlphaGo 在输给李世石一局后，在短时间内通过自我剖析下了十万盘棋，接下来的棋局都是 AlphaGo 获胜。

今年春节，我驾车带着家人从深圳回老家探亲和旅游，仅单程就有 1200 公里，但在智能导航的指引下，我们很顺利地完成了行程。这只是我们看得到的人工智能应用之一，实际上，人工智能和大数据的应用已经渗透到日常生活，比如面部识别、智能语音系统等。

未来，不仅生活方式会因人工智能而变化，还将会有大批职业因人工智能而消失，当然也会有全新的工作岗位因人工智能而诞生。我们每个人，尤其是年轻人，不仅要接受和适应人工智能带来的生活方式和工作方式上的改变，有条件的人更要积极主动地参与到这个技术潮流中。

人工智能（AI）、大数据（Big Data）、云计算（Cloud Computing）和区块链（DLT）被合称为 ABCD 四大新锐技术，这些新技术无不与计算机编程密切相关。面对复杂的功能性和紧迫的迭代周期，计算机需要更高抽象级别的语言来表达可编程性，Python 语言很好地顺应了这个需求。

Python 是程序设计语言领域近 20 年来最重要的成果之一，是国际上最流行的程序设计语言。Python 语言是少有的一种可以称得上既简单，又功能强大的编程语言。

我和本书作者张霞认识有十余年的时间，我们都有学习的习惯，喜欢研究和探索。我们可以从 IT 发展谈到教书育人，总是有许多共同的话题。她从事软件开发和项目管理十余年，从事计算机编程教学近 15 年，一直跟随时代的步伐，不断学习和更新知识。

少儿接受能力强，从小打下编程的童子功，将更有利于适应未来社会，这也是作者编写本书的初衷。作者结合自己的教学经验，在编写大学 Python 教材之余，为本书投入了大量的时间和精力，挑选的案例也都围绕"趣"字展开，简单且与生活息息相关，从通俗易懂的角度，将每一种数据类型都清晰而生动地讲解到位。

本书完整地呈现了 Python 语言程序设计基础，可以帮助孩子们掌握 Python 编程的基础知识，培养程序员思维，这是一本非常好的编程书。

蒲正杰

华为高级工程师

2019 年 4 月 20 日

前　言

编写背景

几年前，刚读初一的儿子兴奋地告诉我，学校开设了 C++编程课，但过了没多久，他就很沮丧地表示学不懂。我知道每门程序设计语言的难度，尤其是当下流行的几门程序设计语言，于是我试着给他和他的小伙伴讲了两堂编程基础课，内容主要是输入/输出和声音控制。几个孩子学习后很有兴趣，写了不少短小的恶作剧程序，不时地安装到教室的计算机中，搞得开机就会出现无数个问候语之类烦人的状况。这种恶趣味持续了大半年才过去，但从此孩子们喜欢上了编程，并在此后陆续学习了数门编程语言。

让孩子爱上编程和让孩子畏惧编程，哪一种状况更好是显而易见的。很多孩子对计算机软件编程满怀兴趣，可是该如何入手？大学生的教材显然不适合孩子们使用，给工程师看的编程书更不适合，懂编程的家长数量也不够多，教儿子学编程的经历让我萌生了写一本适合孩子们用的编程书的念头。

2014 年，我的部门来了一位年轻老师——李粤平博士，他毕业于中山大学。他很看好 Python 程序设计语言，我便去他的课堂学习 Python。经过数年的学习和教学研究，我越来越喜欢 Python 语言。经过近年来的蓬勃发展，Python 程序设计的各类教材层出不穷，但是和 Java 等编程语言一样，少有适合少儿的图书。

寒假前夕，热衷儿童教育的刘颖老师鼓动我一起写一本面向少儿的 Python 语言教程。少儿和大学生以及社会人员相比，编程基础的差距是巨大的，但同时，少儿的求知欲很旺盛。要让简单的知识不枯燥，让没有编程体验的人打牢基础，是一件需要综合考量的事情。

俗话说，"基础不牢，地动山摇"。作为一名教师，我深刻体会到基础的重要性。中国孩子的优势在于童子功很扎实，阅读能力强。在计算机的教学中，传授给他们合适的教学内容，打下坚实的基础，是一件很有意义的事情。

在教学中，我经常会用项目来驱动知识，用具体案例把常用的高频知识点展示给学生，指导学生查阅帮助文档，效果很好。针对少儿的特点，本书也采用这个方法，为此我们查阅了大量的网络教程和教学书籍，花费了数月时间整理案例。

此外，作为计算机编程的入门书，让孩子们了解一点 IT 行业的历史是有必要的。因此我们结合案例教学，收集了 14 个故事与话题：伊莉莎程序（人工智能开山发明之一）、计算机密码、随机数、身份证的数字化、一切皆可运算、凯撒加密法、韩信点兵、计算机模拟、计算机加密算法、Python 标准库、分形几何学、键值对与数据结构、算法与图灵奖，以及大受欢迎的第三方库等。

设计一本适合少儿的编程语言书，对于我来说是一个挑战，希望我的努力能够帮助到对编程有兴趣的孩子。

本书虽是为少儿量身定做，但也适合成人初学者，以及任何想要学习 Python 编程的人。希望 Python 成为读者"终身受用的编程语言"。

本书内容

本书共分为 6 章，每章内容如下。

第 1 章，打开编程之门：主要介绍 Python 语言的诞生、如何安装与使用 Python 软件，以及如何输入和运行程序。

第 2 章，有趣的人机对话与猜数游戏：主要介绍 Python 的基本数据类型和语法基础。

第 3 章，一切皆可运算：主要介绍序列类型、字符串的序列特征、成员运算符 in，以及 for 循环。

第 4 章，列表，还是列表：主要介绍计数函数 range()、随机数与计算机模拟、列表类型、如何遍历一个列表、如何对列表排序、列表的运算符，以及元组类型。

第 5 章，程序也会搭积木：主要介绍如何使用 turtle 绘图、如何定义函数与调用函数，以及递归函数和匿名函数。

第 6 章，字典是个宝：主要介绍如何创建字典和遍历字典、如何解决字典排序问题、文件的打开与读写、pickle 模块、异常处理、英文文本的词频统计、用字典实现加密算法、如何实现爬虫、自制英汉字典，以及集合类型。

学习建议

学习就像挖金矿，或许一开始毫无头绪，但转个角度、换换工具，时间久了总会找到一些思路。成功就是你比别人多走了一段路，或许恰恰是那一小步。

好奇心

怀着一颗好奇心去学习，才能不断地发现问题、解决问题，获得满足感。没有什么是一蹴而就的，保持好奇心，让自己变成一个丰富的人。

勤实战

把每一个案例都当作一段旅行，而不是目的地。在学习过程中亲自敲下这些代码，多做一些练习，更好地体会 Python 语言的本质，在错误中不断成长，越挫越勇，相信你终会有所建树。

比较学习

比较学习是一种非常好用的方法，通过多角度对比，知识点会更清晰，或许你会恍然大悟。如何运用 Python 的各种数据类型，需要多观察、多对比。

洞察未来

要学习 IT 技术，建议孩子们多去看一看科幻电影，因为这些科幻内容正在一步步地被实现。有条件的，建议去看看国际高新技术成果交易会和世界人工智能大会等高水平的展会。我们的国家还有很多技术处于落后状态，即便不再落后，也需要技术的不断更新来保持优势。

本书特色

本书知识体系完整，详细介绍了 Python 的基本数据类型和组合数据类型，共收集了 14 个故事与话题，设计了 110 个实际案例、44 个课后习题。

（1）趣味故事打开编程大门。从有趣的故事引入编程，例如伊莉莎程序、凯撒加密法、韩信点兵等，为读者带来阅读乐趣，在阅读中不知不觉地学到知识，体会编程的本质。

（2）实例丰富，简单有趣。本书包含大量案例展示，例如猜数游戏、绘制花朵、计算机造句等。通过案例展示语法，再分析讲解。从简单到复杂，使复杂难懂的问题变得简单有趣，让读者最大程度地获得启发，锻炼分析问题和解决问题的能力。

（3）深入浅出，透析本质。本书对主要案例采用 IPO（Input，Process，Output）方法来描述程序的运算模式，既简洁易懂，又能抓住本质。本书对较复杂的案例进行算法分析，分步解题，例如凯撒加密法、换位加密法、英文小说的词频统计，以及加密字典器。

（4）动手演练，循序渐进。每章节后有动手试一试和习题，及时检验读者对所学知识的掌握情况。从小问题出发，逐步解决大型复杂性问题，使读者在实践中体会，增强自信，从而提高独立思考和动手的能力。

（5）重点突出，关注实用。Python 拥有大量的模块与函数，但是面面俱到并不是好的教学方式。本书从基础教学的角度出发，侧重讲解实用性高的知识点，省略了不常用的知识点，关注能力培养。

（6）代码资源。异步社区中提供本书所有范例程序的源代码和操作视频，读者可以自由地修改编译源代码，满足自学的需要。

（7）课件资源。异步社区中提供本书教学所需的 PPT 资源，以满足学校教学和读者自学的需要。

建议和反馈

写书是一项极其琐碎、繁重的工作，尽管我已经竭力使本书和网络支持接近完美，但仍然可能存在很多漏洞和瑕疵。欢迎读者提供关于本书的反馈意见，这有利于我们改进和提高，以帮助更多的读者。

如果你对本书有任何评论和建议，可以致信作者邮箱 zhangxia@szpt.edu.cn，我将不胜感激。

致谢

感谢我的家人和朋友们在本书编写过程中提供的大力支持！

远在大洋彼岸求学的儿子给我提供了参考课件，我的同事们提供了许多宝贵意见。

感谢协助绘制插画的学生江鑫，感谢协助校对书稿的深圳职业技术学院 17 软件 4 班和 17 软件 6 班的学生。

感恩我遇到的众多良师益友！

资源与支持

本书由异步社区出品，社区（https://www.epubit.com/）为您提供相关资源和后续服务。

配套资源

本书提供如下资源：

- ☐ 本书源代码；
- ☐ 代码操作视频；
- ☐ 配套 PPT 文件。

要获得以上配套资源，请在异步社区本书页面中点击 配套资源 ，跳转到下载界面，按提示进行操作即可。注意：为保证购书读者的权益，该操作会给出相关提示，要求输入提取码进行验证。

提交勘误

作者和编辑尽最大努力来确保书中内容的准确性，但难免会存在疏漏。欢迎您将发现的问题反馈给我们，帮助我们提升图书的质量。

当您发现错误时，请登录异步社区，按书名搜索，进入本书页面，点击"提交勘误"，输入勘误信息，单击"提交"按钮即可。本书的作者和编辑会对您提交的勘误进行审核，确认并接受后，您将获赠异步社区的 100 积分。积分可用于在异步社区兑换优惠券、样书或奖品。

扫码关注本书

扫描下方二维码，您将会在异步社区微信服务号中看到本书信息及相关的服务提示。

与我们联系

我们的联系邮箱是 contact@epubit.com.cn。

如果您对本书有任何疑问或建议，请您发邮件给我们，并请在邮件标题中注明本书书名，以便我们更高效地做出反馈。

如果您有兴趣出版图书、录制教学视频，或者参与图书翻译、技术审校等工作，可以发邮件给我们；有意出版图书的作者也可以到异步社区在线提交投稿（直接访问www.epubit.com/selfpublish/submission 即可）。

如果您是学校、培训机构或企业，想批量购买本书或异步社区出版的其他图书，也可以发邮件给我们。

如果您在网上发现有针对异步社区出品图书的各种形式的盗版行为，包括对图书全部或部分内容的非授权传播，请您将怀疑有侵权行为的链接发邮件给我们。您的这一举动是对作者权益的保护，也是我们持续为您提供有价值的内容的动力之源。

关于异步社区和异步图书

"异步社区"是人民邮电出版社旗下 IT 专业图书社区，致力于出版精品 IT 技术图书和相关学习产品，为作译者提供优质出版服务。异步社区创办于 2015 年 8 月，提供大量精品IT 技术图书和电子书，以及高品质技术文章和视频课程。更多详情请访问异步社区官网https://www.epubit.com。

"异步图书"是由异步社区编辑团队策划出版的精品 IT 专业图书的品牌，依托于人民邮电出版社近 30 年的计算机图书出版积累和专业编辑团队，相关图书在封面上印有异步图书的 LOGO。异步图书的出版领域包括软件开发、大数据、AI、测试、前端、网络技术等。

异步社区

微信服务号

目　　录

第 1 章　打开编程之门 ·· 1

　1.1　为什么要学编程 ··· 1
　　1.1.1　什么是编程 ··· 1
　　1.1.2　为什么要学 Python 编程 ··· 3
　1.2　Python 语言的诞生 ·· 4
　　1.2.1　Python 语言的由来 ··· 4
　　1.2.2　Python 应用的流行领域 ·· 4
　1.3　创建 Python 基础开发环境 ·· 6
　　1.3.1　安装 Python ·· 6
　　1.3.2　Python 解释器 ··· 9
　　1.3.3　交互模式 ··· 9
　　1.3.4　代码编辑器 ··· 10
　1.4　编写 Python 程序 ··· 12
　　1.4.1　编写.py 程序 ·· 12
　　1.4.2　查看日期和时间 ··· 13
　　1.4.3　定位和修复错误 ··· 14
　　1.4.4　更多 Python 开发工具 ·· 16
　　1.4.5　Python 在线帮助文档 ··· 18
　1.5　你学到了什么 ·· 19

第 2 章　有趣的人机对话与猜数游戏 ··· 20

　2.1　有趣的人机对话 ··· 20
　　2.1.1　编程 IPO 方法 ·· 20
　　2.1.2　人机对话程序 ··· 21
　　2.1.3　程序背后的故事——ELIZA ··· 23
　　2.1.4　变量 ·· 24
　　2.1.5　缩进 ·· 26

　　　2.1.6　字符串类型 …………………………………………………………… 27

　　　2.1.7　替换函数 replace() …………………………………………………… 28

　　　2.1.8　数值类型 …………………………………………………………… 29

　　　2.1.9　输出函数 print() …………………………………………………… 31

　　　2.1.10　输入函数 input() ………………………………………………… 32

　　　2.1.11　输出的格式问题 …………………………………………………… 33

　　　2.1.12　while 循环结构 …………………………………………………… 34

　2.2　请输入密码 …………………………………………………………………… 39

　　　2.2.1　程序背后的故事——计算机密码 …………………………………… 39

　　　2.2.2　if 分支语句 …………………………………………………………… 40

　　　2.2.3　多分支结构 …………………………………………………………… 41

　　　2.2.4　表达式 ………………………………………………………………… 43

　2.3　猜数游戏 ……………………………………………………………………… 45

　　　2.3.1　猜数游戏程序 ………………………………………………………… 46

　　　2.3.2　程序背后的故事——随机数 ………………………………………… 47

　　　2.3.3　再谈 while 循环 ……………………………………………………… 48

　2.4　相关知识阅读 ………………………………………………………………… 49

　　　2.4.1　字符编码 ……………………………………………………………… 49

　　　2.4.2　字符串转义符 ………………………………………………………… 50

　　　2.4.3　布尔值 ………………………………………………………………… 51

　　　2.4.4　注释 …………………………………………………………………… 51

　　　2.4.5　常见的打字错误 ……………………………………………………… 52

　　　2.4.6　让代码尽可能简单 …………………………………………………… 52

　2.5　你学到了什么 ………………………………………………………………… 53

第 3 章　一切皆可运算 …………………………………………………………………… 54

　3.1　看看身份证 …………………………………………………………………… 54

　　　3.1.1　身份证号码 …………………………………………………………… 54

　　　3.1.2　程序背后的故事——身份证的数字化 ……………………………… 55

　　　3.1.3　序列 …………………………………………………………………… 55

　　　3.1.4　索引 …………………………………………………………………… 55

　　　3.1.5　切片 …………………………………………………………………… 57

　3.2　输出漂亮的唐诗 ……………………………………………………………… 58

　　　3.2.1　程序背后的故事——一切皆可运算 ………………………………… 59

3.2.2　成员运算符 in ··60

3.2.3　for 循环 ··60

3.2.4　3 个引号 ··62

3.2.5　函数 str() ···62

3.2.6　比较字符大小 ··64

3.3　字母替代游戏 ··65

3.3.1　程序背后的故事——凯撒加密法 ··66

3.3.2　加密算法 ··68

3.3.3　解密算法 ··69

3.3.4　查找函数 find() ···69

3.3.5　解密程序 ··70

3.3.6　暴力破译法 ··70

3.4　相关语法阅读 ··71

3.4.1　空格处理 ··71

3.4.2　常用字母转换 ··71

3.4.3　对应的字母判断方法 ··72

3.4.4　字符串格式化 ··72

3.5　你学到了什么 ··72

第 4 章　列表，还是列表 ··74

4.1　解同余式 ··74

4.1.1　程序背后的故事——韩信点兵 ··74

4.1.2　计数函数 range() ···75

4.1.3　列表类型 ··77

4.1.4　遍历列表 ··81

4.1.5　循环嵌套 ··82

4.2　评委打分 ··84

4.2.1　程序背后的故事——计算机模拟 ··86

4.2.2　列表排序 ··86

4.2.3　家人与朋友列表 ··89

4.2.4　神奇的食物列表 ··91

4.2.5　有趣的计算机造句 ··92

4.3　换位加密 ··93

4.3.1　换位加密算法 ··95

4.3.2 列表的运算符 ·······96
4.3.3 连接函数 join() ·······97
4.3.4 math 库 ·······98
4.3.5 换位解密算法 ·······99
4.3.6 程序背后的故事——加密算法 ·······100
4.4 相关知识阅读 ·······101
4.4.1 序列类型 ·······101
4.4.2 元组 ·······102
4.5 你学到了什么 ·······102

第5章 程序也会搭积木 ·······103
5.1 绘制小花朵 ·······103
5.1.1 程序背后的故事——Python 标准库 ·······104
5.1.2 turtle 绘图库 ·······105
5.1.3 调用函数绘制小花朵 ·······106
5.1.4 定义函数与调用函数 ·······107
5.1.5 函数的参数传递 ·······109
5.1.6 蟒蛇绘制 ·······110
5.2 向列表中的每个人发出问候 ·······112
5.2.1 传递一个列表作为参数 ·······113
5.2.2 参数的默认值 ·······114
5.2.3 有返回值的函数 ·······115
5.2.4 全局变量和局部变量 ·······116
5.3 绘制科赫雪花 ·······117
5.3.1 绘制科赫雪花 ·······118
5.3.2 程序背后的故事——分形几何学 ·······119
5.3.3 递归函数 ·······120
5.3.4 绘制分型树 ·······121
5.4 程序模块化 ·······123
5.4.1 制作模块文件 ·······123
5.4.2 导入模块文件 ·······124
5.5 相关知识阅读 ·······125
5.5.1 匿名函数 lambda() ·······125
5.5.2 将 lambda()函数赋值给一个变量 ·······126

5.6　你学到了什么 127

第6章　字典是个宝 128

6.1　字典 128

6.1.1　创建字典 129

6.1.2　删除字典 131

6.1.3　字典背后——键值对与数据结构 132

6.1.4　遍历字典 135

6.1.5　排序问题 138

6.1.6　字典和列表对比 144

6.2　文件的读与写 145

6.2.1　文件的打开与读写 146

6.2.2　pickle 库与数据存储 150

6.2.3　Python 的异常处理 151

6.3　英文小说的词频统计 154

6.3.1　词频统计的 IPO 描述 154

6.3.2　词频统计的算法 155

6.3.3　词频统计的完整程序 156

6.3.4　统计人物出场次数 157

6.4　创建一个加密字典 158

6.4.1　创建自己的加密器 159

6.4.2　用字典实现加密算法 160

6.4.3　解密和解密字典 160

6.4.4　加密一个文本文件 161

6.4.5　程序背后的故事——算法与图灵奖 162

6.5　爬虫之自制英汉字典 163

6.5.1　创建一个单词字典 163

6.5.2　爬虫的背后——大受欢迎的第三方库 164

6.5.3　第三方库的安装 166

6.5.4　爬虫之数据提取自动化 167

6.5.5　爬虫之数据存储自动化 171

6.6　集合类型 173

6.6.1　组合数据类型 173

6.6.2　集合 174

6.7　你学到了什么……………………………………………………………178

附录 A　Python 关键字和内置函数 …………………………………………179

附录 B　习题参考答案………………………………………………………181

附录 C　Python 科学绘图样本 ………………………………………………199

第**1**章

打开编程之门

学习计算机编程是一种培养学习能力的有力方式，学习编程的孩子会把这种能力也运用到其他知识的学习中。计算机编程不是一种单独的能力，它不仅融合了各个学科发展的前进方向，也是各个学科研究的持续动力。对培养数理逻辑、探究精神和创造性思维都是大有裨益的。

本书将会完整地呈现 Python 语言程序设计基础。作者在此谨将此书献给每一个充满童真和好奇的孩子以及他们的父母，希望他们能够通过本书了解编程，体会到计算机编程的无穷魅力。

1.1 为什么要学编程

1.1.1 什么是编程

我的孩子很喜欢一款游戏《植物大战僵尸》，一个看似简单，但其实极富策略性的小游戏，集成了战略、防御和卡片收集等要素。用户通过武装多种植物，切换不同的功能，快速有效地把敌人阻挡在入侵的道路上。不同的敌人、不同的玩法构成不同的游戏模式，加之黑夜、浓雾、泳池等障碍增加了游戏的难度。

什么是编程？编程就是把算法和策略放入计算机的程序中，让计算机为人类解决一个又一个的问题。

不只是计算机，电器设备也一样能接受编程。洗衣机里面有多种洗衣控制程序，跑步机里面有速度的控制程序，空调里面有温度、风力的控制程序……

人类将解决问题的思路、方法和手段通过计算机能够理解的形式"告诉"计算机，使计算机能够根据人的指令一步一步地工作，完成某项特定的任务。

```
632 INFO:root:>>>cmd: net stop WmiApSvr
633 INFO:root:>>>cmd: sc stop WmiApSvr
634 INFO:root:>>>cmd: sc delete WmiApSvr
635 INFO:root:>>>cmd: net1 stop wmiapsrv
636 INFO:root:>>>cmd: net stop wmiapsrv
637 INFO:root:>>>cmd: sc stop wmiapsrv
638 INFO:root:>>>cmd: sc delete wmiapsrv
639 INFO:root:>>>cmd: attrib -s -h -r C:\Windows\system\oracle.exe
640 INFO:root:>>>cmd: attrib -s -h -r C:\Windows\system32\wbem\wmiapsrv.*
641 INFO:root:>>>cmd: attrib -s -h -r C:\Windows\syswow64\wbem\wmiapsrv.*
642 INFO:root:>>>cmd: copy wmiapsvr.exe C:\Windows\system32\wbem\ /Y
643 INFO:root:>>>cmd: copy wmiapsvr.exe C:\Windows\syswow64\wbem\ /Y
644 INFO:root:>>>cmd: attrib C:\Windows\java\java.exe
645 INFO:root:>>>cmd: del C:\Windows\java\java.exe /Y
```

计算机程序是由多个指令组成的，一旦给计算机"下达"了正确的指令，它们就能做很多让人惊奇的事情。

计算机的内部使用二进制，绝大多数人不擅长使用这种语言，所以人们发明了编程语言。利用编程语言，我们可以先用一种自己能理解的方式写程序，然后通过计算机把程序编译成二进制文件供计算机使用，编译后的二进制文件就称为软件（software）。

软件其实就是计算机运行的程序，例如 Word 和 Excel 等办公软件。软件也能运行在与你的计算机相连的 Web 服务器上，用户使用网页浏览器访问一个 Web 服务器，远程的 Web 服务器根据用户的需要传回各种信息（如新闻、天气和电视剧等）。

计算机的编程语言有很多种，有接近计算机底层的机器语言和汇编语言，还有接近人类母语的高级程序设计语言。Python、Java、C 和 C++语言都是高级程序设计语言。

高级程序设计语言有很多，孩子们学什么语言好呢？本书作者推荐选择 Python 语言。

Python 程序更易读、易编写，也更易理解，而且 Python 有许多高质量的库，包括科学计算库和人工智能库等。

1.1.2　为什么要学 Python 编程

计算机技术发展主要围绕计算机的功能性和可编程性展开。一方面，计算机硬件所依赖的集成电路规模以指数方式增长，运行速度也以接近几何级数快速增加，能支撑的功能也不断强大。另一方面，计算机程序设计语言经历了从机器语言、汇编语言到高级语言的发展过程，逐步朝着更接近自然语言的方向发展。

2008 年，以开源移动操作系统安卓（Android）的发布为起点，一批新的计算概念和技术几乎同时被提出，并显著推动了计算技术的升级换代。这些概念包括移动互联网、云计算、大数据、物联网等。这些概念的提出反映了计算平台和应用的多样性，也带来了更复杂的安全问题。

虽然概念很多，但没有以哪个概念为主来引领技术发展，这说明计算机的发展已经进入了复杂信息系统阶段，人类将会逐渐认识到计算机系统的复杂性会到达人类所能掌控的边界。

随着深度学习、开源硬件、智能机器人、量子计算等技术的发展，未来某个时期将会出现人工智能主导的技术阶段，计算机将结合智能技术，展示更加友好的交互方式，并提供更好的用户体验。届时，计算机或许没有独立的载体，而是通过网络、数据和机器整合一切可用资源，逐步接管人类所有的非创造性工作，计算机将进入一个未知的新阶段。

面对复杂的功能性和紧迫的迭代周期，计算机需要更高抽象级别的程序设计语言来表达可编程性，Python 语言已经成为这个新阶段的主流编程语言。

3

Python 语言是少有的一种可以称得上既简单又功能强大的编程语言。Python 编程的重点是解决问题，而不是语法与结构，非常适合完全没有编程经验的人学习。无论你是想进入数据分析、人工智能、网站开发等专业领域，还是仅仅希望掌握一门编程语言，都可以从 Python 开始。

现在许多领域都开始用 Python 语言，例如，国际空间站的宇航员使用 Python 编程，电影《星球大战》的制片公司使用 Python 自动化电影的制作过程，游戏工作室 Activision 用 Python 来构建游戏和数据分析。Python 的应用领域还有很多……

Python 的标志是一对蟒蛇，如图 1-1 所示。本书将完整地呈现 Python 语言程序设计基础。学习用 Python 编程可以让你有一个很好的起点，有了这个基础，将来在学习其他编程语言时，你会更容易理解其中的概念。

图1-1　Python的标志是一对蟒蛇

1.2　Python 语言的诞生

1.2.1　Python 语言的由来

Python 的创始人为 Guido van Rossum。1982 年，他从荷兰阿姆斯特丹大学获得了数学和计算机硕士学位。1989 年圣诞节期间，在阿姆斯特丹的 Guido 为了打发时间，决心开发一个新的脚本解释程序。

选中 Python（蟒蛇）作为编程语言的名字，是因为他喜爱的一个电视节目中有 Python 这个单词。1991 年第一个 Python 解释器诞生，它是用 C 语言实现的。

Python 语言是一种简单易学、功能强大的编程语言，它有高效率的多维数据结构，能够简单而有效地实现面向对象编程。Python 有简洁的语法和对动态输入的支持，其本质上是解释性语言，在大多数平台上都是一个理想的脚本语言，适用于快速的应用程序开发。

1.2.2　Python 应用的流行领域

Python 的应用领域多，实用且强大，下面我们列举几个目前流行的领域。

1．科学计算与数据分析

随着 NumPy 等众多程序库的开发和完善，Python 越来越适合进行科学计算和数据分析。它不仅支持各种数学运算，还可以绘制高质量的二维和三维图像。

2．网络爬虫

有了 Python，利用几行代码就可以编写一个爬虫程序。爬虫程序的真正作用是从网络获取有用的数据或信息，可以节省大量的人工和时间成本。能够编写网络爬虫的编程语言有不少，但 Python 绝对是其中的主流选择之一。

3．Web 开发

尽管目前 PHP 依然是很多程序员进行 Web 开发的首选语言，但 Python 的上升势头更劲。随着 Python 的 Web 开发框架逐渐成熟，程序员可以快速地开发功能强大的 Web 应用。

4．人工智能

目前最热门的领域之一就是人工智能。Python 在人工智能领域内的机器学习、神经网络和深度学习等方面都是主流的编程语言，得到了广泛的支持和应用。很多流行的神经网络框架，如 Facebook 的 PyTorch 和 Google 的 TensorFlow，都使用了 Python 语言。

5．自动化运维

这几乎是 Python 应用的自留地，Python 已成为运维工程师首选的编程语言。在很多操作系统中，Python 是标准的系统组件。大多数 Linux 和苹果 macOS 系统都集成了 Python，可以在终端下直接运行 Python。Python 标准库包含了多个调用操作系统功能的库。

6．云计算

Python 的强大之处在于模块化和灵活性，而构建云计算平台 IaaS 服务的 OpenStack 就是使用 Python 的。云计算的其他服务也都是在 IaaS 服务之上的。

7．网络编程

Python 提供了丰富的模块支持网络编程，可以方便快速地开发分布式应用程序。

8．游戏开发

很多游戏使用 C++语言编写图形显示等高性能模块，而使用 Python 或 Lua 语言编写游戏的逻辑。Python 的 PyGame 库也可用于直接开发一些简单游戏。

1.3　创建 Python 基础开发环境

本节你将学习如何安装 Python 环境、运行 Python 程序。

Python 是一种跨平台的编程语言，能够运行在所有主流的操作系统中。只要计算机上安装了 Python 软件，就能运行 Python 程序。

安装 Python 环境非常容易，有 Windows、macOS 和 Linux 版本，后两种操作系统都默认安装了 Python。Windows 操作系统没有默认安装 Python，用户需要下载并安装它。

本书所讲解的内容都是基于 Windows 版本的 Python。

首先，检查计算机上是否安装了 Python。打开"开始"菜单，输入"cmd"并按回车键打开一个命令终端窗口。在该终端窗口中输入"Python"并按回车键，如果出现了图 1-2 所示的 Python 提示符">>>"，就说明计算机中安装了 Python。

```
Python 3.8 (64-bit)
Python 3.8.1 (tags/v3.8.1:1b293b6, Dec 18 2019, 23:11:46) [MSC v.1916 64 bit (AM
D64)] on win32
Type "help", "copyright", "credits" or "license" for more information.
>>>
```

图1-2　Python解释器

下面就来搭建 Python 开发环境。

1.3.1　安装 Python

第 1 步：访问 Python 官网，如图 1-3 所示。网站时常会更新版面，但是下载提示总是很醒目，用户完全不用担心找不到 Python 的下载链接。

图1-3　Python官网

第 2 步：单击"Downloads"→"Windows"，选择"Windows x86-64 executable installer"
进行下载，如图 1-4 所示。

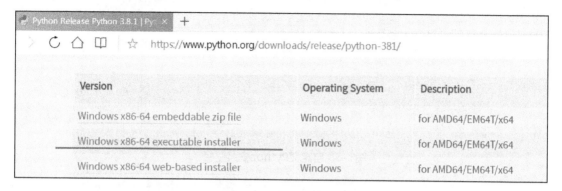

图1-4 Python下载页面

第 3 步：下载完 Python 之后，双击进行安装，在弹出的图 1-5 所示的界面中勾选"Add
Python 3.8 to PATH"，然后单击"Install Now"。

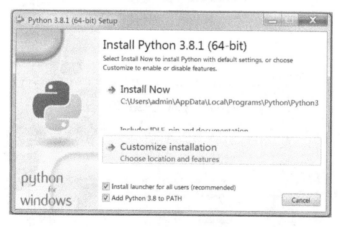

图1-5 Python安装选项

第 4 步：你也可以单击"Customize installation"自定义安装路径，比如可以选择改变
路径为"C:\ Python3.8"，如图 1-6 所示。

第 5 步：单击"Install"按钮，开始安装 Python，如图 1-7 所示。

第 6 步：等待一段时间，就会看到提示 Python 安装完成的界面，此时单击"Close"，
如图 1-8 所示。

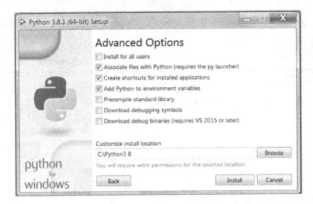

图1-6　自定义Python安装路径

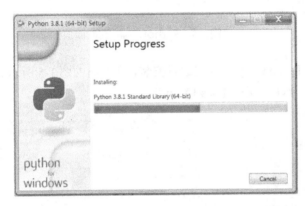

图1-7　Python安装过程

图1-8　Python安装成功

第 7 步：最后在计算机上测试 Python 是否安装成功，如图 1-9 所示，打开"开始"菜单，单击"Python 3.8"文件夹，选择其中的第二项"Python 3.8（64-bit）"。

Python 3.8
IDLE (Python 3.8 64-bit)
Python 3.8 (64-bit)
Python 3.8 Manuals (64-bit)
Python 3.8 Module Docs (64-bit)
返回
搜索程序和文件
关机

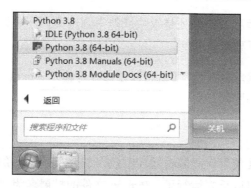

图1-9 选择“Python 3.8（64-bit）”

如果出现图 1-10 所示的 Python 提示符“>>>”，就说明 Python 安装成功了。

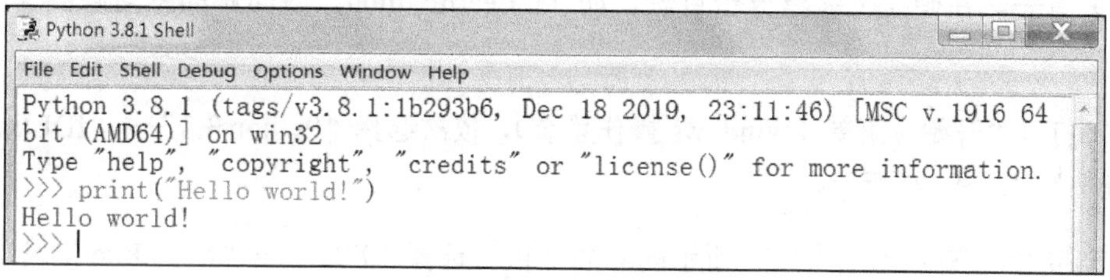

Python 3.8.1 Shell
File Edit Shell Debug Options Window Help
Python 3.8.1 (tags/v3.8.1:1b293b6, Dec 18 2019, 23:11:46) [MSC v.1916 64 bit (AMD64)] on win32
Type "help", "copyright", "credits" or "license()" for more information.
>>> print("Hello world!")
Hello world!
>>>

图1-10 看到“>>>”，说明安装成功

1.3.2 Python 解释器

Python 自带了一个在终端窗口中运行的解释器，让用户能运行 Python 代码。

在刚开始接触一门新的编程语言时，如果能使用它在屏幕上显示消息“Hello world!”，那么说明你已经打开了学习这门编程语言的大门。

要使用 Python 输出“Hello world!”，只需在交互式命令行输入下面这行代码：

```
>>>print("Hello world!")
```

如图 1-10 所示，Python 会在下一行立即输出：

```
Hello world!
```

虽然这个程序简单，但是确有其用途，因为如果它能够正确运行，就说明你的编程环境已经准备好了。

1.3.3 交互模式

带有提示符“>>>”的解释器，也称为 Python 交互模式。

在交互式命令行编写程序的好处是很快就能得到结果，不足之处是无法保存，若下次还想运行该程序，那么需要重新编写。

若要终止 Python 解释器运行，那么可以在命令行输入"exit()"，然后按回车键，或者可以直接单击窗口的关闭图标。

1.3.4　代码编辑器

在实际开发时，需要使用代码编辑器（IDLE）来编写程序，编写完成后可以保存为一个文件，这样该程序就可以反复运行了。Python 文件的扩展名为".py"。

下面介绍如何使用 Python 自带的代码编辑器来编写程序代码。

（1）首先，在硬盘上新建一个目录，如 D:\LearnPython，后面做的练习题会保存到这个目录中。

（2）打开"开始"菜单（Windows 操作系统），依次选择"Python 3.8"→"IDLE(Python 3.8 64-bit)"，如图 1-9 所示。

（3）接着，在弹出的图 1-11 所示的界面中依次选择"File"→"New File"，创建一个新文件，用于编写程序。

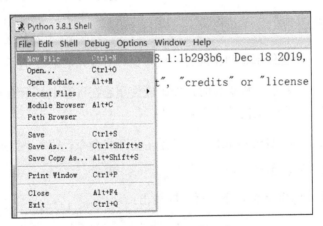

图1-11　创建新文件

（4）若要保存文件，可依次选择"File"→"Save As..."，如图 1-12 所示。

（5）然后在弹出的图 1-13 所示的"另存为"对话框中，将文件保存到 D:\LearnPython 目录下，同时给文件命名，如 abc.py。

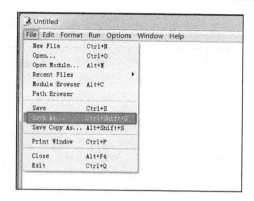

图1-12 "Save As..." 选项

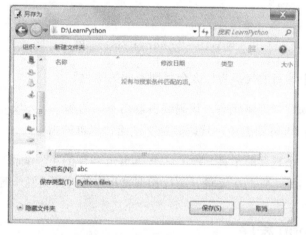

图1-13 "另存为" 对话框

（6）然后就可以编写程序了。当程序编写完成时，需要再次保存文件，依次选择菜单 "File" → "Save" 保存文件。

（7）若要运行该程序，那么可以依次选择 "Run" → "Run Module"，或按<F5>键，即可运行程序，如图 1-14 所示。

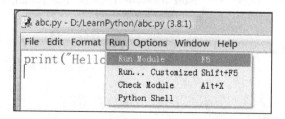

图1-14 运行Python文件的菜单选项

（8）程序会运行在自动弹出的 Python 交互框里，如图 1-15 所示。

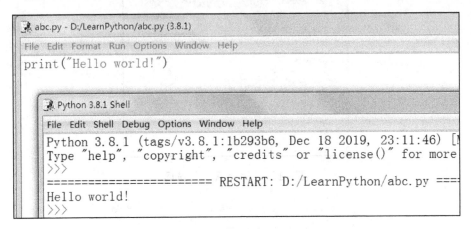

图1-15　Python程序运行结果

在代码编辑器中编写的代码为什么会呈现不同的颜色？

为了更好地帮助用户理解代码，代码编辑器用不同的颜色显示文本，便于用户区分代码的不同部分。在 Python 语言中，代码就是下达给计算机的指令。

代码编辑器是一个重要的工具，除了这个 Python 自带的小型编辑器，本章还会推荐几个著名的集成开发工具，它们在编辑、运行和调试程序等方面更胜一筹。

1.4　编写 Python 程序

1.4.1　编写.py 程序

现在你已经看到了第一个 Python 程序 abc.py，继续写下去，然后运行，如图 1-16 所示。

在编辑器窗口选择"Run"→"Run Module"，或按<F5>键运行程序，在 Python Shell 中看到运行结果。

下面是这个程序的代码：

实例 abc.py

```
1  print("Hello world!")
2  print("这是我的第一个Python程序")
```

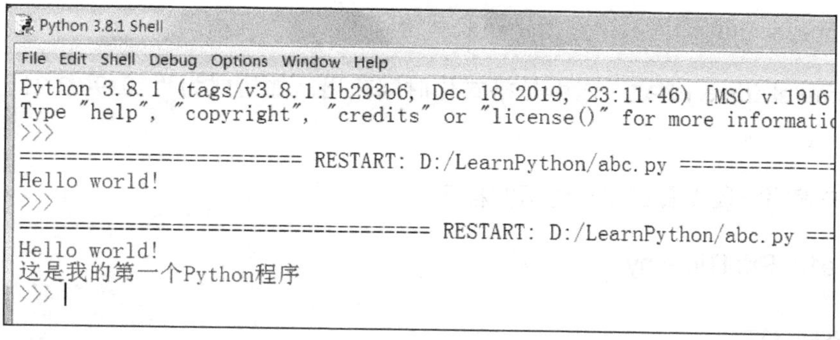

图1-16 程序abc.py的运行结果

1.4.2 查看日期和时间

程序经常会用到时间，下面通过一个实例来查看计算机的系统日期和时间，并输出到屏幕上。

Python 处理日期和时间的标准库是 time 库和 datetime 库。

下面以 time 库为例，介绍查看当前时间的方法。

实例 PrintTime.py

```
1    import time
2    today=time.localtime()  #获取系统时间
3    print("当前时间: ",today)
```

程序中 import 语句的作用是导入 time 库。

什么是库？库又称为模块，可以简单理解为封装了很多功能的函数库或类库。我们要先将库导入程序，库中的函数或类才能被程序调用。

导入语法：

```
import<模块名>
```

导入 time 模块：

```
import time
```

函数的调用形式是：

```
<模块名>.<函数名>(<参数>)
```

下面调用两个 time 库的函数。

（1）time.localtime()函数：作用是获取系统时间。

（2）time.strftime()函数：作用是格式化时间输出。如格式为"2019-03-21"或"2019年 03 月 21 日"。

我们来编写一段查看日期和时间的程序。

实例 e1.1 PrintTime.py

```
1    import time
2    today=time.localtime()    #获取系统时间
3    print("当前时间: ",today)
4    print("年份: ",today.tm_year)
5    print("时点: ",today.tm_hour)
6    print("日期: "+time.strftime("%Y.%m.%d",today))
7    print("日期: ",time.strftime("%Y-%m-%d",today))
8    strx=time.strftime('%Y{}%m{}%d{}',today).format('年','月','日')
9    print(strx)
```

运行结果：

```
当前时间: time.struct_time(tm_year=2020, tm_mon=1, tm_mday=1, tm_hour=9, tm_min=34,
tm_sec=48, tm_wday=2, tm_yday=1, tm_isdst=0)
年份: 2020
时点: 9
日期: 2020.01.01
日期: 2020-01-01
2020年01月01日
```

1.4.3　定位和修复错误

如果程序中出现错误无法运行，该怎么办呢？

程序一般会发生两种类型的错误：语法错误和运行时错误。

1．语法错误

代码编辑器在尝试运行程序前会对程序做一些检查。如果代码编辑器发现一个错误，那么往往是语法错误（Syntax Error）。程序的语法是指一种程序设计语言的拼写和文法规则，出现语法错误意味着你输入的某些内容不是正确的代码。

下面给出一个例子：

实例 abcx.py

```
1    print("Hello world!")
2    print(这是我的第一个Python程序)
```

第 2 行的输出文字没有加引号。

当运行这个程序时，执行窗口会提示红色字体显示的消息，表明程序第 2 行有一个错误——变量名错误（Name Error），如图 1-17 所示。这是因为第 2 行文字没有加引号，Python 被迫将这串文字理解为一个变量名，而不是期待的字符串，错误信息是变量没有定义。

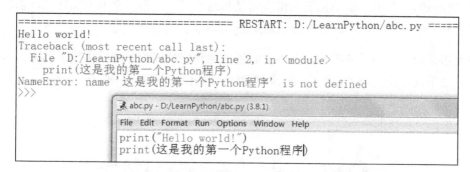

图1-17　程序第2行需要输出的文字没有加引号，造成语法错误

2. 运行时错误

运行时错误（Runtime Error）是指运行程序之前无法检测出来的错误，只在程序运行时才会发现。

实例 abc.py

```
1    print("Hello world!")
2    print("这是我的第一个Python程序")
3    x=5
4    y=0
5    print(x/y)
```

如果保存这个程序并运行，那么前两行代码的内容会正确输出，但接下来会得到一个错误消息：在第 5 行，出现了除数为零的错误（ZeroDivisionError），如图 1-18 所示。

```
abc.py - D:/LearnPython/abc.py (3.8.1)
File  Edit  Format  Run  Options  Window  Help
print("Hello world!")
print("这是我的第一个Python程序")
x=5
y=0
print(x/y)

================================ RESTART: D:/LearnPython/abc.py =
Hello world!
这是我的第一个Python程序
Traceback (most recent call last):
  File "D:/LearnPython/abc.py", line 5, in <module>
    print(x/y)
ZeroDivisionError: division by zero
>>>
```

图1-18 除数为0造成的运行时错误

以 "Traceback" 开头的信息表示错误消息从这里开始，接着会显示文件名，以及出错的代码行号和语句内容，最后一部分消息是 Python 认为存在的问题。

看到错误消息不用过分担心，因为它们能帮助我们找出程序哪里出现了问题，以便改正错误。如果程序确实出了问题，那么能看到确切的错误信息是一件好事情。

看到错误消息不用过分担心，因为它们只是为了帮助我们找出程序哪里出现了问题，以便改正错误。能看到确切的错误信息是一件好事情。

1.4.4 更多 Python 开发工具

对于编程来说，代码编辑器是一个重要的工具。除了 Python 自带的代码编辑器，下面介绍一些目前流行的 Python 集成开发环境（Integration Development Environment，IDE）。

IDE 以代码编辑器为核心，还包含一系列周边组件和附属功能。一个优秀的 IDE 在普通文本编辑基础之上还能提供各种快捷

16

编辑功能，让程序员尽可能快捷、舒适、清晰地输入和修改代码。另外，语法着色、错误提示、代码折叠、代码自动补充、代码定位、重构、调试器等，也都是 IDE 提供的重要功能。

1．Python Tutor

Python Tutor 是一个免费在线教育工具，可以帮助用户攻克编程过程中的基础障碍，使用户理解每一行源代码的运行过程。利用这个工具，用户可以直接在网页上编写代码，逐步可视化地运行程序，加深对编程知识的理解。

2．IPython

IPython 是一个交互式 Shell，支持变量自动补全、自动缩进，支持 BashShell 命令，内置了许多实用功能和函数，同时它也是科学计算和交互可视化的集成平台。

3．Jupyter Notebook

Jupyter Notebook 是一个开源 Web 应用程序，允许用户创建和共享代码和文档。它就像一个草稿本，能将文本注释、数学方程、代码和可视化内容全部组合到一个易于共享的文档中，以网页的方式展示。

4．Anaconda

Anaconda 是一个数据处理和科学计算平台，内置了许多非常有用的第三方库，如 Numpy、Pandas、Matplotlib 等。Anoconda 附带了大量常用的数据科学库，它们是数据分析的标配。Anaconda 有免费版和付费版，付费产品有 Anaconda Enterprise（企业版）和 Training（培训与认证）等。

5．PyCharm

PyCharm 带有一整套提高编程效率的工具，性能非常出众，能够自动提示类和函数、自动代码格式化，提供了项目管理、代码跳转、代码重构等功能。程序员可以在这个开发环境中完成需要切换多个终端才能完成的事情。进入 PyCharm 官网下载对应的版本，专业版是付费的，社区版是免费的，如图 1-19 所示。

很多人会选择 Anaconda 与 PyCharm 结合的模式构建一个集成开发环境，因为 Anaconda 的数据科学库很丰富，PyCharm 的编辑与运行环境很棒。如果安装 Anaconda，则不需要特地去安装 Python，因为 Anaconda 已经自带了 Python 软件。有兴趣的读者可以尝试搭建集成开发环境，这样学习效率会更高，而且能接触更多领域的编程。附录 C 展示了科学库数据可视化工具 matplotlib 的绘图案例。

图1-19　目前流行的集成开发软件PyCharm

本书案例在基础开发环境 Python 3.8.1 下完成。

1.4.5　Python 在线帮助文档

获得 Python 在线帮助文档有多种途径，这里介绍两种。

（1）依次单击"开始"菜单（Windows 操作系统）→"Python 3.8"→"Python 3.8 Manuals(64-bit)"或"Python 3.8 Module Docs"，Manuals 提供的是用户手册，Module docs 提供的是本机已安装的各种模块（Module）信息。

（2）访问 Python 官网，单击首页的"Documentation"或"Docs"选项，即可查看 Python 在线文档。该文档的内容包括 Python 语言指南（Language Reference）和 Python 标准库文档（Library Reference）。

动手试一试

1-1 在交互模式">>>"中使用 Python 计算一周有多少分钟。

1-2 编写一个简短的程序，使用 print 函数输出你的名字、出生日期，还有你喜欢的颜色。保存这个程序，然后运行。如果程序没有像你期望的那样运行或者给出了错误消息，试着改正错误，让它能够正确运行。

1.5 你学到了什么

本章你学到了以下内容：什么是编程、Python 语言的诞生与时代背景、获得 Python 安装软件、Python 的安装过程、什么是交互模式、使用代码编辑器、键入简单的程序、运行程序、查看程序的错误及位置、了解集成开发环境，以及获得 Python 在线帮助文档。

第2章

有趣的人机对话与猜数游戏

2.1 有趣的人机对话

计算机要接受人类的指令，程序运行时要获得用户的信息，人机交互的传统方式是人类通过键盘输入信息，计算机通过显示器输出信息。

早期的人机对话是在键盘和显示器上完成的。

2.1.1 编程 IPO 方法

计算机程序用来解决特定的计算问题。较大规模的程序提供丰富的功能解决完整的计算问题，例如控制航天飞机运行的程序。无论程序的规模如何，我们都可以按照一定的方法进行程序设计：输入（Input）、处理（Process）和输出（Output），这称为 IPO 方法或 IPO 描述。程序大多符合 IPO 描述，但并不是每个程序都必须有这 3 个部分，例如第 1 章的实例 abc.py 就没有输入和处理数据，只是直接输出数据。

程序设计 IPO 方法如下。

❑ 输入（Input）：程序的输入。

❑ 处理（Process）：程序的主要逻辑。

❑ 输出（Output）：程序的输出。

以计算圆的面积为例。先输入圆的半径，程序根据圆的半径计算面积，最后输出计算结果。

其 IPO 描述如下。

- ❑　输入：圆半径 r。

- ❑　处理：计算面积 area。

- ❑　输出：面积 area。

编写程序计算圆的面积，代码如下。

实例 e2.1circle.py

```
1    s = input("请输入圆的半径:")
2    r = eval(s)          #字符串转换为数值
3    pi=3.14
4    area = pi*r*r
5    print("圆的面积",area)
```

可以看到，IPO 描述实际是对问题输入、求解和输出的自然语言描述。为了区别于其他描述方式，本书中所有 IPO 描述都使用"输入""处理"和"输出"3 个引导词。

"输入"的形式包括键盘输入、文件输入、语音输入和其他输入。

"输出"的形式包括显示器输出、文件输出和其他输出。

IPO 描述能够帮助初学者建立设计程序的基本概念。

编写程序一般分为如下 6 步。

（1）分析问题的计算部分。

（2）确定问题，划分为确定的 IPO 三部分。

（3）设计计算部分的核心算法。

（4）编写整个程序。

（5）调试测试，使程序在各种可预测的情况下能正确运行。

（6）为适应新的设计要求，需适当修改原有程序。

2.1.2　人机对话程序

下面的程序 e2.2hello.py 中只有 6 行代码，是模仿著名的"ELIZA 伊莉莎程序"做的简略版实例。程序中的代码是英文，标点符号是半角，双引号里的字符串会出现中文。

第 1 行代码 while (True)后面是英文冒号 ":"，第 2～6 行代码每行前都有 4 个空格。

其 IPO 描述如下。

❑　输入：字符串。

❑　处理：替换字符串。

❑　输出：替换后的字符串。

实例 e2.2hello.py

```
1    while (True):
2        s = input()
3        t = s.replace("吗","")
4        t = t.replace("?", "!")
5        t = t.replace("你会", "我会")
6        print(t)
```

运行程序 e2.2hello.py，用户先输入一行提问内容，然后按回车键，计算机就会回答问题；按<Ctrl+C>组合键，可以结束程序。如果用户按照图 2-1 的文字输入，就可以看到一段有趣的对话。

```
在吗?
在!
你好
你好
能听懂汉语吗?
能听懂汉语!
真的?
真的!
你会编程序吗?
```

图2-1　运行情况

这个程序涉及的知识点如下，本章会逐一讲解。

❑　while 循环。

❑　input()输入函数。

❑　replace()字符替换函数。

❑　print()输出函数。

❑　变量：s 和 t。

2.1.3 程序背后的故事——ELIZA

实例 e2.2hello.py 是一段人机对话程序。

想想我们如何与人交谈，如果你发现了其中的谈话规则，那么完全可以写一段程序来模拟人类的交谈。是的，让程序按固定套路与人"聊天"。

麻省理工学院计算机科学家 Joseph Weizenbaum 在 1966 年发布了一个程序"ELIZA"（伊莉莎）。令人意外的是，ELIZA 在那个时代得到了许多用户的认可，人们会对它敞开心扉，与它严肃且认真地交谈，并误以为自己是在和人类而不是和一段程序交谈。ELIZA 的名字来源于萧伯纳的戏剧作品《卖花女》中的女主角。

下面这段文字摘自文献 Smith, E., Osherson, D. (Eds.). (1998). An invitation to cognitive science (Vol. 3).Chapter 11 The Mind as the Software of the Brain by Ned Block.MIT Press。文献中说，ELIZA 是一个被设计为模拟精神治疗师的程序，程序提供了一些模拟反应来回答用户提出的问题。它采用了一组简单但有效的策略。例如，它可以在程序员提供的列表中查找关键词，如"我""你""相似""父亲"和"所有人"，这些词具有先后顺序，前面的关键词的优先级高于后面的关键词。

如果你输入"每个人都嘲笑我"，会得到一个对"每个人"的回应，比如"你在想的是哪一个特定的人？"

这个程序可以替换字符"你"和"我"，如果你输入"你不同意我"，它会回复："为什么你认为我不同意你？"

如果当前的输入中没有包含关键词，程序会引用之前的输入。比如，如果你曾说过"我的朋友让我来这里"，那么程序会说"你的朋友让你来这里，那和这件事有什么关联？"

程序中还有许多套话，比如你输入"你会不会说法语？"，程序会回复"我只说英语。"

程序中有一个套话列表，比如"这里谁才是医生，你还是我？"

实际上，ELIZA 根本不知道自己在说什么，它只是按固定套路作答，或者用符合语法的方式将问题复述一遍。只要你知道程序的工作原理，就可以很容易识破它的真相。

ELIZA 程序已被列为人工智能开山发明之一。现在的聊天机器人有很多，例如苹果智能语音助手 Siri。感兴趣的读者可以继续拓展我们的程序，给它加上更多的回答规则，让程序在"聊天"时更加有趣和生动。

下面介绍程序 e2.2hello.py 中出现的编程知识，就从常量和变量开始吧！

2.1.4　变量

1．常量

以字面意义来理解，常量是像 5.28、789 这样的数，或者类似"你好啊"和"It's a cat！"这样的字符串。

常量可以直接出现在程序里。

实例 e2.3constant.py

```
1    print(5.28)
2    print("It's a cat!")
```

运行结果：

```
5.28
It's a cat!
```

2．变量

我们添加命名为 x 和 message 的变量。

实例 e2.4variable.py

```
1    x= 5.28
2    print(x)
3    message="It's a cat!"
4    print(message)
```

运行程序，输出结果与实例 e2.3constant.py 相同。

变量就是我们想要的东西：在程序中，我们可以随时修改变量的值，程序会记录变量的最新值。

3．变量有多"可变"

变量之所以叫作"变量"，就是因为它们是可变的。定义变量 y=100，然后定义 y=500，这样就为 y 赋了一个新值 500。

定义一个变量，也称为"声明一个变量"。计算机会为变量预留一部分空间来存储数据和执行运算，我们不用考虑这些工作。

Python 创建一个新的变量，不需要指定数据类型，只需直接赋值，例如 x=5，那么计算机就会按照整数类型来定义 x。

4．数据类型

计算机能处理的内容远不止简单的数字，还可以处理文本、图表、音频、视频和网页等各种各样的信息。

在 Python 中，能够直接处理的数据类型有整数、浮点数、字符串、布尔值、空值。

（1）整数，如 5、135、-25、0。

（2）浮点数，如 7.56、5.0、-23.789。

（3）字符串，如 'cat!'、"apple!"，通常是一对单引号或双引号里面的字母或汉字。

（4）布尔值，只有 True（真）和 False（假）两个值。

（5）空值 None 是一个特殊的值，不能将其理解为 0。可以将 None 赋值给任何变量。

此外，Python 还提供了列表、字典和集合等多种组合数据类型，并允许创建自定义数据类型。

5．查看变量的数据类型

如果想查询一个变量 x 的数据类型，可以使用函数 type()。在 Python 的交互式命令行输入：

```
>>> x=5
>>> type(x)
<class 'int'>
```

这个 type(x)的运行结果是<class 'int'>，即整数类型。

在 Python 的交互式命令行输入：

```
>>> s='Hello'
>>> type(s)
<class 'str'>
```

这个 type(s)的运行结果是<class 'str'>，即字符串类型。

6．变量的命名

变量名，就是用字母和部分符号构成的一个组合。在 Python 中需要遵守如下一些规则，违反规则将引起语法错误。

（1）变量名只能包含字母、数字和下划线"_"。

（2）变量名可以用字母或下划线"_"开头，但不能以数字开头。

例如，可以将变量命名为"message_1"，但不能命名为"1_message"。

（3）变量名不能包含空格，但可以使用下划线"_"来分隔其中的单词。

例如，变量名"greeting_mess"可行，但变量名"greeting mess"会引发错误。

（4）不要将 Python 关键字（又称保留字）用作你的变量名，也不要将 Python 内置函数名用作你的函数名，它们都是有特殊用途的单词（见附录 A 中 Python 关键字和内置函数）。

例如，print 用于输出。

（5）变量名应简短，而且有描述性。

例如，name 比 n 好，name_length 比 length_of_persons_name 好。

（6）慎用小写字母 l 和大写字母 O，因为它们可能被人错看成数字 1 和 0。

（7）变量名要区分大小写。例如，name 和 Name 是不同的变量名。建议初学者在定义变量时使用小写字母，减少程序错误。

要创建良好的变量名，需要经过一定的实践。随着你编写的程序越来越多，你将越来越善于创建有意义的变量名。

2.1.5　缩进

在键盘上按空格和添加制表符，可以实现代码缩进。

在有些编程语言中，缩进只是一个风格问题。但是在 Python 中，缩进是语法，是程序中必不可少的一部分。

在 Python 中，缩进是十分重要的，每行开头的缩进用来决定逻辑的层次，从而决定程序语句的分组。同一层次的程序语句必须有相同的缩进！每一组这样的程序语句称为一个程序块。

错误的缩进会引发程序错误。

初学者需要多练习才能习惯 Python 的缩进。

Python 代码编辑器有一个缩进功能菜单项，如图 2-2 所示。你可以选择一行或多行，单击菜单"Format"→"Indent Region"或按快捷键<Ctrl+]>，自动缩进 4 个空格。如果你再次单击菜单"Format"→"Dedent Region"或按快捷键<Ctrl+[>，就能取消 4 个空格的缩进。

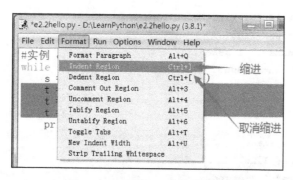

图2-2 代码编辑器的缩进功能菜单项

2.1.6 字符串类型

字符串就是一系列字符。字符串是一种数据类型。那么如何在 Python 中使用字符串呢？

（1）使用单引号（'）

用一对单引号指示字符串，如 ' This is a cat.'，输出时所有的空格都会被原样保留。

（2）使用双引号（"）

用一对双引号指示字符串，双引号中的字符串与单引号中的字符串的使用方法完全相同，此时字符串中可以出现单引号，例如 "What's your name?"。

（3）使用三引号（'''或"""）

用一对三引号可以指示多行字符串，还可以在字符串中自由地使用单引号和双引号，换行也会被保留。例如：

```
'''This is the firstline.
This is the second line.
"What's your name?," I asked.
He said "Bond, James Bond."'''
```

把这段字符串交给函数 print 去输出，字符串里面所有的空格、换行和双引号都会被原样保留。

我们把上述字符串放到下面的程序里，来看看运行效果。

实例 e2.5marks.py

```
1    astr = '''This is the first line.
2    This is the second line.
3    "What's your name?," I asked.
4    He said "Bond, James Bond."'''
5    print(astr)
```

运行结果：

```
This is the first line.
This is the second line.
"What's your name?," I asked.
He said "Bond, James Bond."
```

2.1.7　替换函数 replace()

有时我们需要对字符串做局部的替换，利用函数 replace()可以做到。

函数 replace()的语法：

```
<字符串>.replace(old, new)
```

参数说明。

❑　old：将要被替换的字符串。

❑　new：用于替换 old 的新字符串。

下面我们将“hello world”中的“world”替换成“python”。

实例 e2.6replace.py

```
1    astr = 'hello world'
2    bstr = astr.replace('world','python')
3    print(bstr)
```

运行结果：

```
'hello python'
```

还记得本章开头的人机对话程序吗？

程序 e2.2hello.py 使用了 3 次字符串替换函数：

```
t = s.replace("吗","")
  t = t.replace("?", "!")
  t = t.replace("你会", "我会")
```

2.1.8　数值类型

Python 支持 3 种不同的数值类型：整数（int）、浮点数（float）、复数（complex）。

1．整数

Python 可以处理任意大小的整数，在程序中的表示方法和数学中的写法一样，例如 1、100、−8080、0 等。

2．浮点数

浮点数是包含小数部分的正数或负数，在程序中的表示方法和数学中的写法一样，例如 1.23、3.14、−9.01 等。

3．数据类型转换

有时我们需要将浮点数和整数进行转换。

（1）函数 int(x)：将 x 转换为一个整数。例如，int(5.6)的结果为 5。

（2）函数 float(x)：将 x 转换为一个浮点数。例如，float(8)的结果为 8.0。

4．四舍五入小数

对浮点数做四舍五入，常用的方法是使用 Python 内置函数 round()。

函数 round()的语法：

```
round( x [, n])
```

参数说明。

❑　x：数学表达式。

❑　n：表示保留的小数点位数，默认值为 0。

实例 e2.7round.py

```
1    print ("round(70.23456) : ", round(70.23456))
2    print ("round(56.659,1) : ", round(56.659,1))
3    print ("round(80.264, 2) : ", round(80.264, 2))
4    print ("round(100.100056, 3) : ", round(100.000056, 3))
```

运行结果：

```
round(70.23456) :  70
round(56.659,1) :  56.7
round(80.264, 2) :  80.26
round(100.100056, 3) :  100.1
```

5. 赋值运算符

Python 用等号"="为一个变量赋值，称为赋值运算符。例如：

```
>>>x = 5
>>>y = 10.2
>>>z = "Hello"
```

6. 算术运算符

在代码中使用"+""-""*"和"/"4 个符号实现。

另外还有 3 个常用的算术操作符：幂（**）、取余（%）和取整（//）。

（1）幂

计算 3 的 5 次幂，可以写成 print(3 * 3 * 3 * 3 * 3)。Python 使用双星号表示这个运算。

```
>>>print(3 **5)
243
```

（2）取余

取余，就是求余数，也称为取模，取余操作符是百分号（%）。例如，计算 7 除以 5 的余数：

```
>>> print(7 % 5)
2
```

（3）取整

取整，即求两个数相除的整数部分。例如，计算 7 除以 5 的整数部分：

```
>>> print(7 // 5)
1
```

2.1.9 输出函数 print()

Python 处理输入和输出的常用函数是使用 input()和 print()，此外还有文件的读写函数、高级图形界面的输入和输出函数等。

函数 print() 的常用语法格式：

```
print(*obj, end='\n')
```

参数说明。

❑ obj：表示输出的对象。当输出多个对象时，需要用逗号分隔。

❑ end：用来设定以什么结尾。默认值是换行符，也可以换成其他字符。

1. 输出数值

函数 print()可以直接输出数值，也可以输出一个数学表达式的计算结果。

实例 e2.8print.py

```
1    x=100
2    y=200
3    print(x+y)
```

2. 输出字符串

函数 print()可以直接输出字符串。

实例 e2.8print.py

```
4    print('hello, world')
```

3. 字符串与逗号

多个字符串用逗号 "," 隔开。

实例 e2.8print.py

```
5    print('The quick brown fox', 'jumps over', 'the lazy dog')
```

函数 print()会依次输出字符串，遇到逗号会输出一个空格。

运行结果：

```
The quick brown fox jumps over the lazy dog
```

4. 字符串与加号

多个字符串可以用加号"+"连接为一个字符串。

实例 e2.8print.py

```
6    print ('ba'+ 'na'+ 'na')
```

函数 print()会依次输出字符串，遇到加号直接连接前后字符串。

运行结果：

```
banana
```

5. 字符串与星号

字符串用星号"*"连接数字，表示重复。

实例 e2.8print.py

```
7    print ('star '*3)
```

函数 print()会输出字符串，并重复 3 遍。

运行结果：

```
starstarstar
```

6. 字符串与数值

我们还可以把 100 + 200 的计算结果输出得更漂亮一点，前面是文字，后面是数值，中间用逗号分隔：

```
print ('计算: 100 + 200 =', x+y)
```

运行结果：

```
计算: 100 + 200 = 300
```

2.1.10　输入函数 input()

使用函数 input()，用户输入的信息将会保存为字符串。例如，输入用户的名字：

```
>>>name = input()
```

程序运行时会等待用户的输入。用户输入一个字符串，例如"Michael"，再按回车键，刚才输入的内容就存放到 name 变量里了。

但是上述代码没有给用户输入提示，这样很不友好，修改代码如下。

实例 e2.9inputname.py

```
1    name =input('请输入你的名字：')
2    print('你好! ', name)
```

程序运行后会首先输出提示信息"请输入你的名字:"。

运行结果：

```
请输入你的名字：Michael
你好! Michael
```

函数 input()得到的是一个字符串。

如果输入整数或浮点数，程序也依然把它们当成字符串，使用函数 eval()可以把字符串转换为整数或浮点数。

实例 e2.9inputname.py

```
3    age=eval(input('请输入你的年龄：'))
4    print('年龄', age)
```

运行结果：

```
请输入你的年龄：12
年龄 12
```

2.1.11 输出的格式问题

输出的格式问题又称为字符格式化。

早前的 Python 版本采用"%"格式化输出，现在常用 format()函数格式化输出，后者更简洁和方便。

format()函数与占位符{}

字符串的函数 format()可以接受不限个数的参数，参数位置也可以不按顺序排列。

format()的语法：

```
<字符串>.format(<参数>)
```

<字符串>中应包含大括号"{}"，称为占位符。

假设你要祝朋友生日快乐，可以先设计一个定制格式，然后提供名字和年龄，代码如下。

实例 e2.10birthday.py

```
1    name = "小明"
2    age = 12
3    print("{}，祝你{}岁生日快乐！".format(name,age))
```

运行结果：

```
小明，祝你12岁生日快乐！
```

占位符有 3 种用法，下面举例来说明。

```
>>> "{} {}".format("hello", "world")      #不指定位置，按默认顺序
'hello world'
>>> "{0} {1}".format("hello", "world")    #指定位置，0、1分别代表序号为0和1的参数
'hello world'
>>> "{1} {0} {1}".format("hello", "world") #指定位置，序号为1的参数出现2次
'world hello world'
```

字符串里面的占位符{}的作用是先为变量占据指定的位置，然后用函数 format()把变量一一列举出来，这样书写的代码既美观，又容易阅读。

2.1.12　while 循环结构

循环是一种允许多次执行语句或语句块的语法结构，如图 2-3 所示。你每天使用的程序很可能就包含 while 循环，例如，游戏使用 while 循环，确保在玩家想玩时不断运行，并在玩家想退出时停止运行。如果程序突然停止循环或者在用户要退出时还继续运行，那就不好办了，我们必须能控制循环。

如何控制循环呢？通常用一个布尔表达式作为 while 循环的条件，这个表达式只有两个取值：True（真）和 False（假）。如果布尔表达式的值为 True，表示循环条件满足，则继续循环；一旦布尔表达式的值为 False，表示循环条件不满足，就退出循环。

while 循环的语法结构如图 2-4 所示。

下面做一个简单的 while 循环。

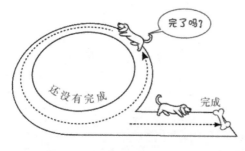

图2-3 while是一个不断运行的语法游戏　　　　图2-4 while循环的语法结构

实例 e2.11while.py

```
1    x = 0
2    while  x< 6:
3        print(x)
4        x = x+1
```

运行结果：

```
0
1
2
3
4
5
```

每执行一次循环，x 便会加 1，只要满足 x<6 的条件，循环就一直执行，直到 x 不再小于 6。

1．break 跳出循环

能不能让循环提前结束呢？

可以。在 while 循环的语句块中添加 if 分支，一旦满足条件，就用 break 语法跳出循环，去执行 while 循环体后面的程序。

我们来看一个能提前结束 while 循环的例子。

实例 e2.12while2.py

```
1    x = 0
2    while  x < 6:
3        if x == 3:
```

```
4            break
5        print(x)
6        x = x+1
7    print("循环结束，x=",x)
```

运行结果：

```
0
1
2
循环结束，x= 3
```

循环的条件是 x 小于 6，满足条件就进入循环体，然后用 if 分支语句判断 x 是否等于 3。满足了 if 条件，就执行 break 跳出循环，去执行 while 循环体后面的输出语句。

我们来计算 100 以内所有奇数的和，代码如下。

实例 e2.13whilesum.py

```
1    sum = 0
2    n = 99
3    while n> 0:
4        sum = sum + n
5        n = n - 2
6    print("100以内所有奇数之和:",sum)
```

运行结果：

```
100以内所有奇数之和：2500
```

在循环中，变量 n 不断自减 2，直到变为 0 时，才不再满足循环条件。

2. 无限循环

直接用布尔值 True 作为循环条件，就是一个无限循环。

实例 e2.14whileTrue.py

```
1    x = 0
2    while True:
3        print(x)
4        x = x+1
```

执行这段程序会发现 x 的值一直递增，因为循环条件一直为 True，这就是一个典型的无限循环。要终止循环，需按<Ctrl+C>组合键，强制结束程序。

3. 用 True 做条件

直接用 True 做条件，就是一个无限循环。像上面的例子一样，设计一个满屏的 Hello。

实例 e2.15whileHello.py

```
1    while True:
2        print("Hello")
```

屏幕的输出位置会贴满"Hello"，别忘记用<Ctrl+C>组合键终止这个程序。

4. 失控的循环

有时我们没打算使用无限循环，但是程序出现了循环条件始终为 True 的情况。例如，在实例 e2.13whilesum.py 的循环语句块中，如果没有写"n = n - 2"语句，那么 n 的值在循环时不会被修改，循环条件始终为 True，程序就会失控，求和的计算无法结束，程序不能正常退出。失控的循环往往是由于程序员粗心造成的，因此我们要仔细检查，避免出现失控的循环。

5. 扩展模式

while 循环有一种使用较少的扩展模式：使用保留字 else。如图 2-5 所示。

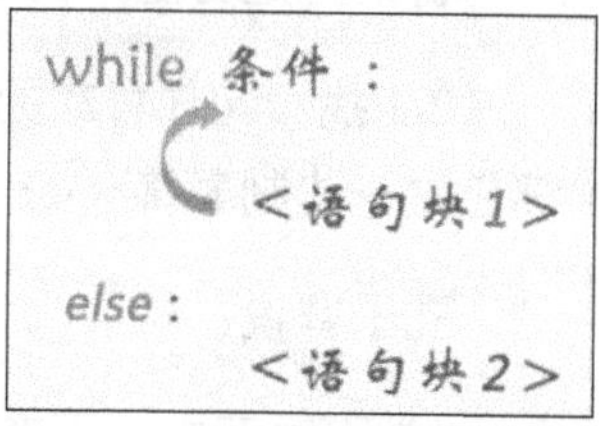

```
while 条件：
        <语句块 1>
else：
        <语句块 2>
```

图2-5　while循环的扩展结构

在 while 循环的语法结构中，else 是可选结构，不是必需的。在扩展模式中，while 循环正常执行<语句块 1>后，会继续执行 else 的<语句块 2>。else 语句只在循环正常执行并结束后才执行。

将前面的实例 e2.12whilesum.py 修改如下，加入第 6 行和第 7 行代码，观察程序的执行情况。

实例 e2.16whilesum2.py

```
1    sum = 0
2    n = 99
3    while n> 0:
4        sum = sum + n
5        n = n - 2
6    else:
7        print("循环结束,n的值:",n)
8        print("100以内所有奇数之和:",sum)
```

运行结果：

```
循环结束,n的值：-1
100以内所有奇数之和：2500
```

while 的循环条件是整个程序的关键，我们在编程时要仔细检查循环能否退出。

动手试一试

2-1 计算 8/3 的值？如何得到 8 除以 3 的余数？如何得到 8 除以 3 的整数部分？小数点后保留 2 位。

2-2 用 Python 计算 6 的 4 次幂，并输出结果。

2-3 将同学的姓名、性别和班级存到变量中，再向屏幕显示一条消息，制作一段个性化消息，类似下面这样：

肖明海是男生，在 2 年级 3 班。

2-4 找一句你喜欢的名人名言，并输出这个名人的姓名和名言，要求在其开头或末尾都包含一些制表符（\t）或换行符（\n）。输出应类似下面这样：

孔子曾说：

"学而时习之，不亦说乎？有朋自远方来，不亦乐乎？"

2-5 利用键盘输入 n，用 while 循环求 1+2+⋯+n，要求输出格式如下：

请输入 n：10

1+2+⋯+10=55

2-6 用 while 循环输出一个由 5 行的星号构成的金字塔，要求输出格式如下：

```
    *
   ***
  *****
 *******
*********
```

2.2 请输入密码

随着计算机和网络的普及，密码已经进入我们的日常生活。下面试着编写一段简单的密码识别程序。程序预先设定一段密码"A1234"，用户利用键盘输入密码，如果密码为"A1234"，则显示密码正确。

其 IPO 描述如下。

❑　输入：密码。

❑　处理：比较密码是否相同。

❑　输出：结论。

实例 e2.17password.py

```
1    passwd = "A1234"
2    s = input("请输入密码: ")
3    if(s == passwd):
4        print("你输入的密码正确")
5    else:
6        print("你输入的密码不对")
```

运行结果：

```
请输入密码: A1234
你输入的密码正确
```

2.2.1 程序背后的故事——计算机密码

计算机系统从诞生那天起，就离不开密码。计算机系统可以为每一个用户开设账号和密码，比如我们在银行的自助柜员机上插入银行卡，屏幕上就会提示用户输入密码，如图 2-6 所示。

计算机有很多种方法记录用户密码，比如计算机的开机密码会被计算机记录到一个特定的文件里面，在用户开机时，计算机就会取出密码与用户的输入做比较。

图2-6　用户输入密码

网站设置的用户名和密码通常被保存到数据库中。每次对比密码时，网站都需要去访问数据库，提取账号和密码，然后做对比。

高级的计算机系统并不是直接记录用户的密码，而是经过一套加密算法之后，将加密过的用户密码给记录下来。加密算法有很多种，比如用户密码是"112233"，算法加密过后生成一串字符"abc5de"，计算机记录的密码是"abc5de"。这意味着数据库的管理员也只能看到加密后的字符，而不是用户的真实密码。用户下一次进登录界面输入"112233"，系统以同样的算法加密一次，加密后如果是"abc5de"，那么判断用户密码正确，否则判断用户密码不正确。

下面介绍程序 e2.17 password.py 中出现的 if 分支结构。

2.2.2　if 分支语句

道路出现分支是一件很平常的事，如图 2-7 所示，沿着不同的轨道分支可以去不同的地方。

如果程序的运行条件不同，后续工作不同，那么就要用到分支结构。Python 使用 if 语法来实现程序的分支结构。

if 语法需要一个布尔表达式作为分支条件，根据条件选择对应的运行路径。if 语法结构如图 2-8 所示。

如果分支条件为真，则执行<语句块 1>，否则执行<语句块 2>。

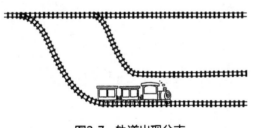

图2-7　轨道出现分支

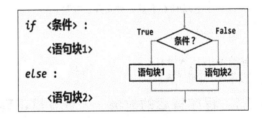

图2-8　简单分支if语法

else 语法是可选的，程序中不是必须有 else 和<语句块 2>。

用户年龄

我们输入用户年龄，程序会根据年龄输出不同的内容。

实例 e2.18age.py

```
1    age = 20
2    if age >= 18:
```

```
3       print('你的年龄是', age)
4       print('成年')
```

注意，数字 18 后面有冒号。

运行结果：

```
你的年龄是20
成年
```

根据缩进规则，如果 if 分支条件为 True，那么执行缩进的第 3 行和第 4 行 print 语句，否则什么也不做。我们给 if 添加一个 else 语法，意思是如果 if 分支条件为 False，那么执行 else 的代码块。

实例 e2.19agefz.py

```
1    age = 3
2    if age >= 18:
3        print('你的年龄是', age)
4        print('成年')
5    else:
6        print('你的年龄是', age)
7        print('少年')
```

运行结果：

```
你的年龄是3
少年
```

2.2.3 多分支结构

上面的程序还可以做更细致的判断。

我们通过加一个 elif 来做更细致的多分支结构，if 语法就变成了 if…elif…else 结构。

实例 e2.20agedfz.py

```
1    age = 5
2    print('你的年龄是', age)
3    if age >= 18:
4        print('成年')
5    elif age >= 6:
6        print('少年')
7    else:
8        print('儿童')
```

运行结果：

你的年龄是**5**
儿童

elif 是 else if 的缩写，一个程序可以有多个 elif，if 语法的完整结构如图 2-9 所示。

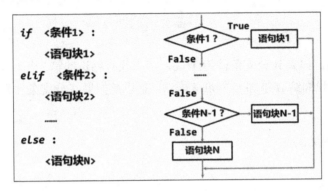

图2-9　多分支if语法

多分支结构的特点是从上往下判断。

如果遇到判断条件是 True，那么执行对应的语句后，忽略剩余的其他条件。

请测试并解释为什么下面的程序会输出"少年"。

实例 e2.21agedfz.py

```
1    age = 12
2    print('你的年龄是', age)
3    if age >= 18:
4        print('成年')
5    elif age >= 6:
6        print('少年')
7    else:
8        print('儿童')
```

运行结果：

你的年龄是**12**
少年

if 条件为非零数值

if 分支条件还可以直接使用变量，例如：

```
>>>x=10
>>>if x:
        print('True')
```

运行结果：

```
True
```

Python 指定任何非 0 和非空值为 True，0 或者空值为 False。

x 等于 10，因此 Python 判断为 True。

2.2.4　表达式

表达式由常量、变量和运算符构成，例如，'少年'、5+y、a=10//y、b=x%y 都是表达式。表达式有很多类型，while 语法和 if 语法中的条件通常是布尔表达式。

布尔表达式主要涉及比较运算符和逻辑运算符。

❑　比较运算符：大于 (>)、大于等于 (>=)、小于 (<)、小于等于 (<=)、不等于 (!=、<>)、相等 (==)。

❑　逻辑运算符：与（and）、或（or）、非（not）。

1．比较运算符

比较运算符如表 2-1 所示。

表 2-1　比较运算符

运算符	描述	实例，假设变量 a=10，变量 b=20
==	等于	(a==b)返回False
!=	不等于	(a!=b)返回True
<>	不等于	(a<>b)返回True
>	大于	(a>b)返回False
<	小于	(a<b)返回True
>=	大于等于	(a>=b)返回False
<=	小于等于	(a<=b)返回True

含比较运算符的表达式，例如 a == b、a > b、a == b。通常，比较运算符的返回值为 1 表示真，为 0 表示假。与布尔值 True 和 False 等价。

2．逻辑运算符

如表 2-2 所示。

表 2-2　逻辑运算符

运算符	描述	实例，假设条件 x=True，条件 y=False
and	逻辑与	(x and y)返回False
or	逻辑或	(x or y)返回True
not	逻辑非	not(x)返回False

如果表达式包含了两个条件，例如成绩 score 在 80 到 100 之间，输出"优秀"，这时需要使用逻辑与（and），代码如下：

实例 e2.22score.py

```
1    score=eval(input('请输入成绩：'))
2    if score<=100 and score>=80:
3        print("成绩优秀")
```

使用"and"运算符时，两个条件都必须为真，if 才能为真。

这就像用两个开关串联控制一盏电灯，如图 2-10 所示。例如楼道中的声控开关和光控开关应该考虑串联，这样在夜晚并且有声音时才会亮灯。

如果成绩 score 在 100 以上或为负数，输出"成绩不合法"，那么代码可以这样写：

实例 e2.22score.py

```
4    if score<0 or score>100:
5        print("成绩不合法")
```

使用"or"运算符时，只要有一个条件为真，if 就为真。

这就像用两个开关并联控制一盏电灯，如图 2-11 所示。

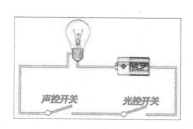

图2-10 两个开关串联控制一盏电灯

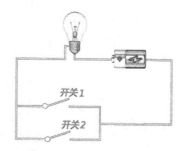

图2-11 两个开关并联控制一盏电灯

动手试一试

2-7 利用键盘输入年份，判断是否为闰年。判断条件：能被 4 整除但不能被 100 整除，或能被 400 整除。

2-8 利用键盘输入成绩，判断等级：

成绩>=90，则等级为 A；

90>成绩>=80，则等级为 B；

80>成绩>=70，则等级为 C；

70>成绩>=60，则等级为 D；

成绩<60，则等级为 E。

2.3 猜数游戏

猜数字是一种益智类小游戏，通常是两个人玩，一方出数字，另一方猜这个数字。

人和计算机玩猜数游戏，可以不限猜测次数，简单设计为两位数以内的整数。计算机随机生成一个两位数 num，请玩家从键盘输入猜想的数 x，如果 x>num，显示"该数比你猜的要小，请继续。"；如果 x<num，显示"该数比你猜的要大，请继续。"直到猜测正确，显示玩家用了多少次猜中该数，如图 2-12 所示。

```
请第1次猜数（10-99）50
数字比你猜的要小，请继续。
请第2次猜数（10-99）30
数字比你猜的要小，请继续。
请第3次猜数（10-99）15
数字比你猜的要大，请继续。
请第4次猜数（10-99）22
数字比你猜的要小，请继续。
请第5次猜数（10-99）20
数字比你猜的要大，请继续。
请第6次猜数（10-99）21
恭喜你，你只用了6次，就猜中了。
```

图2-12　猜数游戏运行情况

2.3.1　猜数游戏程序

其 IPO 描述如下。

❑　输入：随机生成一个整数，也就是玩家要猜的数，然后不断接受玩家猜数。

❑　处理：检查玩家猜的数，并统计已经猜过几次。

❑　输出：玩家猜数情况。

实例 e2.23guess.py

```
1    from random import randint
2    num=randint(10,99)
3    mychioce=1
4    while (True):
5        x=eval(input("请第"+str(mychioce)+"次猜数（10-99）"))
6        if (x==num):
7            print("恭喜你，你只用了{}次，就猜中了。".format(mychioce))
8            break #循环结束
9        elif(x>num):
10           print("数字比你猜的要小，请继续。")
11       else:
12           print("数字比你猜的要大，请继续。")
13       mychioce += 1
```

我们看到，在 while 循环中可以放入其他语法结构，如 if 分支结构。

猜数游戏的核心是程序先生成一个随机数"num"，再让玩家猜数。

2.3.2　程序背后的故事——随机数

在基础研究和工程项目中，需要运用大量的随机数做数值模拟。随机数的应用领域很多，如工业设计、新药的研制、天气预报、材料设计、计算机游戏和计算机仿真等。

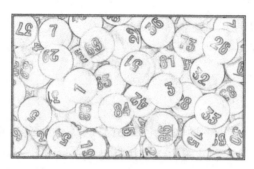

随机数有 3 个特性，具体如下。

- ❑　随机性：不存在统计学偏差，是完全杂乱的数列。

- ❑　不可预测性：不能从过去的数列推测出下一个出现的数。

- ❑　不可重现性：除非将数列本身保存下来，否则不能重现相同的数列。

随机数分为真随机数和伪随机数，程序中使用的基本是伪随机数，程序和算法本身不能产生真随机数，但是计算机系统可以产生统计学意义上的伪随机数。

在计算机应用领域，随机数更多的是应用在密码学中，随机数是密码技术的基础。

随机数常见的应用场景还有验证码生成、抽奖活动、游戏中的洗牌、俄罗斯方块出现序列等。

随机数标准库 random

我们在猜数程序中使用 random.randint(10,99) 来创建一个 10～99 之间的随机整数作为秘密数字。

Python 内置的标准库 random，主要用于产生各种分布的随机数序列。对 random 库的引用，一般采用如下两种方式。

```
import random
```

或

```
from random import randint
```

每次使用 randint() 时，会得到一个新的随机整数。

randint(10,99) 传递的参数是 10 和 99，所以得到的整数会介于 10～99，包含 10 和 99。

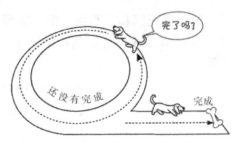

2.3.3　再谈 while 循环

循环结构有两个保留字——break 和 continue，用于辅助控制循环的执行。

（1）break：跳出循环。不再执行当前循环的任何语句，执行循环外面的代码。

（2）continue：提前跳转。跳过这一轮循环尚未执行的语句，结束当前循环，返回到循环条件，决定是否继续执行循环。

continue 语句和 break 语句的区别在于，continue 语句只结束本次循环，不终止整个循环，而 break 语句则是结束整个循环过程。

例如，从 1 数到 10，只输出其中的奇数，遇到偶数就什么也不做。

实例 e2.24continue.py

```
1    x = 0
2    while x < 10:
3        x += 1
4        if x%2==0:
5                continue
6        print(x)
```

当 x 为偶数时，continue 被执行，程序返回到循环开头，并根据条件“x < 10”决定是否继续执行循环。

动手试一试

2-9 使用 while 循环来计数，从 1 数到 100，遇到尾数是 3 或 3 的倍数，就输出这个数字。

2-10 使用循环程序不断地提示用户输入他/她喜欢的城市名称，我们在其中定义一个退出值（例如“q”），只要用户输入的不是这个值，程序就接着运行。

2.4　相关知识阅读

2.4.1　字符编码

我们在运行 Python 程序时常遇到读取中文字符出现乱码的问题，这是字符编码惹的祸。常见的字符编码有 ASCII、GB2312、GBK、Unicode、UTF-8 等。

出现时间较早的 ASCII 码只能保存英文字母、数字和一些符号，共 128 个字符。比如大写字母 A 的编码是 65，小写字母 z 的编码是 122。ASCII 码是用 1 字节表示 1 个字符。要处理中文，1 字节显然是不够的，至少需要 2 字节，我国制定的第一个汉字国家标准编码是 GB2312。

全世界有上百种语言，如果各个国家和地区都制订自己的标准，那么会不可避免地出现冲突，因此 Unicode 应运而生。Unicode 覆盖全球所有的语言和符号，它只是一种编码的规范，没有定义如何在计算机中存储字符。由于编码覆盖面广，有时 1 个字符需要使用 4 字节，这样有些浪费存储空间。本着节约的宗旨，出现了把 Unicode 编码转化为"可变长编码"的 UTF-8 编码。UTF-8 编码的英文字母用 1 字节表示，汉字用 3 字节表示，不常用的生僻字用 4～6 字节表示。这样做的好处是 ASCII 码可以被看作 UTF-8 码的一部分。

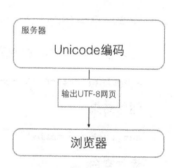

图2-13　浏览网页时字符编码工作方式

字符编码可以相互转换。在用户浏览网页时，Web 服务器会把 Unicode 编码转换为 UTF-8 编码，再传输到用户的浏览器中，如图 2-13 所示。

很多网页的源代码上会有类似<meta charset="uft-8" />的信息，表示该网页用的是 UTF-8 编码。

1. 一个简单的编码转化操作

我们有时需要将文本文件由 GBK 编码转换为 UTF-8 编码。在 Windows 系统中，有一个简单的字符编码转化方法——使用记事本小程序 Notepad.exe。使用该软件打开一个文本文件，单击"文件"菜单中的"另存为"选项，在跳出的对话框底部有一个"编码"下拉菜单，其中有 4 个选项：ANSI、Unicode、Unicode big endian 和 UTF-8。选择"编码"选项后，单击"保存"按钮，文件就会被转换为新的编码方式。

2．代码中使用中文

如果需要在 Python 程序中使用中文，则要在代码开头（第 1 行或第 2 行）声明此文件的编码类型。比如将编码设置为 UTF-8，代码如下：

```
# -*- coding: utf-8 -*-
```

或者

```
#!/usr/bin/python
# -*- coding: utf-8 -*-
```

Python 代码编辑器的默认编码为 ASCII，PyCharm 的默认编码为 UTF-8，Windows 系统的文本文件默认编码为 GBK。

2.4.2　字符串转义符

在一个字符串中包含一个换行的方法是在字符串中添加换行符，使用字符组合"\n"。其中，反斜杠"\"被称为转义符。

在字符串中使用"\"本身时也要借助转义符，用"\\"表示反斜杠本身。

可以在字符串中添加制表符，使用字符组合"\t"。例如：

```
>>>print('cat\tduck\trabbit')
```

运行结果：

```
cat	duck	rabbit
```

添加空白

在编程中，空白泛指任何非输出字符，如空格、制表符和换行符。

我们可以使用空白来组织输出，以使程序更易于阅读。例如，输出一个包含换行符的字符串，代码如下：

```
>>>print("Languages:\nPython\nC\nJava")
```

运行结果：

```
Languages:
Python
C
Java
```

下面我们在上述字符串中加入制表符。字符串"\n\t"表示先换行，然后在下一行开头添加一个制表符。输出一个包含换行符和制表符的字符串，代码如下：

```
>>>print("Languages:\n\tPython\n\tC\n\tJava")
```

运行结果：

```
Languages:
    Python
    C
    Java
```

2.4.3　布尔值

Python布尔值和布尔代数的表示完全一致，布尔值只有True和False。在Python中，既可以直接用True和False，也可以用布尔表达式：

```
>>>3 > 2
True
>>>3 > 5
False
```

布尔值常用在条件判断中，比如if分支条件。

修改实例e2.21agedfz.py，不断输入变量age的值，输入"-1"表示退出。代码如下：

实例 e2.25agedfz.py

```
1    while True:
2        age = eval(input('请输入你的年龄:'))
3        if(age==-1): # 输入-1则退出循环
4            break
5        print('你的年龄是', age)
6        if age >= 18:
7            print('成年')
8        elif age >= 6:
9            print('少年')
10       else:
11           print('儿童')
```

2.4.4　注释

注释是一项很实用的功能，用于阐述代码的用途。注释后的内容会被Python解释器忽略。注释分为单行注释和多行注释。单行注释以"#"开头，多行注释用一对三引号。
例如：

```
# 这行是注释
'''
这是注释
这是注释
'''
```

如果程序比较简单，无需说明，那么可以用注释写上作者的姓名和当前日期，再用一
句话阐述程序的功能。例如：

```
# author:Linda
# date:2019/01/20
# 计算圆的面积
```

2.4.5 常见的打字错误

如果发生打字错误，有时即使一个字母的疏忽，也会导致程序运行失败。

```
message = "Hello Python Crash Course reader!"
print(mesage)
```

第 2 行的变量名 message 中遗漏了字母 s。

从图 2-14 中可以看到，程序在第 2 行有一个错误，错误类型是 NameError。这是因为
相比第 1 行的变量名称，第 2 行的变量名称缺少一个字母 s。

你用 message 还是 mesage 作为变量名都没问题，但要保持拼写前后一致。

```
===================== RESTART: D:\LearnPython\test.py ===
Traceback (most recent call last):
  File "D:\LearnPython\test.py", line 2, in <module>
    print(mesage)
NameError: name 'mesage' is not defined
```

图2-14 打字错误引起的程序运行失败

2.4.6 让代码尽可能简单

经验丰富的程序员会尽可能让程序避繁就简，让 Python 代码漂亮而优雅。

一个问题通常会有多个解法。如果有两个解决方案，一个简单，另一个复杂，但都行
之有效，那么就选择简单的解决方案吧，这样你编写的代码将更容易被维护。

做出设计良好、高效且漂亮的解决方案会让程序员对你心生敬意。随着你对 Python 的

认识越来越深入，并使用它编写出越来越多的代码，有一天也许会有人站在你后面惊呼："哇，代码编写得真是漂亮！"

2.5 你学到了什么

本章你学到了以下内容：创建描述性变量名，声明变量，查看数据类型，显示字符串，字符串替换函数 replace()，使用单引号、双引号、三引号定义字符串，使用整数和浮点数，基本算术运算、求幂、取余、取整，输入函数 input()，while 循环结构，break 和 continue 语法，输出函数 print()，串格式化函数 format()与占位符{}，if 分支结构，编写布尔表达式，让代码尽可能易于阅读和理解。

第 **3** 章

一切皆可运算

3.1 看看身份证

人类文明已经步入数字化的时代。我们每个公民都有一个居民身份证，身份证包含的信息很多，包括姓名、性别、民族、出生日期、常住户口所在地住址、公民身份号码、本人照片、指纹信息、证件的有效期和签发机关等。

3.1.1 身份证号码

下面我们编写一个程序，利用键盘输入身份证号码，计算机通过号码鉴别出号码持有人的性别和出生日期，并显示到屏幕上。

其 IPO 描述如下。

❑ 输入：18 位身份证号码。

❑ 处理：提取出生日期和性别编码，处理信息。

❑ 输出：出生日期和性别。

实例 e3.1card.py

```
1    idStr=input("请输入18位身份证号码: ")
2    print(idStr)
3    bircode=idStr[6:14]  #获取出生日期
4    sexcode=idStr[16]  #获取性别编码
5    birth=bircode[0:4]+"年"+bircode[4:6]+"月"+bircode[6:8]+"日"
6    if(eval(sexcode)%2==0):
7        sex="女士"
8    else:
```

```
9          sex="先生"
10         print("你好, {}, 你的出生日期为{}".format(sex,birth))
```

运行结果：

请输入18位身份证号码：44030319701008093X
44030319701008093X
先生你好，你的出生日期为1970年10月08日

3.1.2　程序背后的故事——身份证的数字化

身份证并非现代才有，古已有之。它的起源是官员的识别符号，最早的身份证出现在战国时期，商鞅在秦国变法，发明了照身帖。照身帖由官府发放，是一块打磨光滑细密的竹板，上面刻有持有人的头像和籍贯信息。

1984 年，我国颁发第一代居民身份证。居民身份证登记项目包括姓名、性别、民族、出生日期、住址、身份号码和有效期。最初发放的身份证有一大批是用手工填写的，现在居民身份证已经进入数字化时代。我们使用的第二代居民身份证是一张 IC 卡，其中有非接触式智能芯片，还有登记了指纹信息和脸部信息的"网上身份证"。

公民身份号码是每个公民唯一的、终身不变的身份代码。公民身份号码是一个字符序列，如 44030319701008093X。每一位数字都具有确定的含义，例如前 4 位 "4403" 代表广东省深圳市，"19701008" 代表出生日期。

3.1.3　序列

所谓序列，即成员有序排列。例如 "A1234" 是一个由字母和数字构成的字符序列，是一组具有先后关系的元素。

3.1.4　索引

序列中的每个元素被分配一个序号，称为索引，索引从 0 开始。序列由索引引导，通

过索引可以访问序列的每个成员，成员又被称为元素。

为什么索引从 0 而不是 1 开始？因为计算机使用二进制数来存储一切信息，二进制计数从 0 开始，为了高效地使用字节（byte），避免浪费，内存位置和列表索引都从 0 开始。

索引的编号规则有两种，如图 3-1 所示。

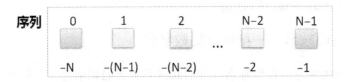

图3-1 索引的编号规则

（1）索引从 0 开始，表示从左往右开始计数，最后一个元素索引为 N–1。

（2）索引也可以为负值，负数索引表示从右往左开始计数，右起第一个元素索引为–1，第二个为–2，依次类推。

通常情况下，索引为正数时，表示从左开始计数；索引为负数时，表示从右开始计数。开头第一位数为–1，而不是 0，这样避免了与从左开始的第一个元素重合。

我们来测试一个程序，如图 3-2 所示，声明一个字符串"请输入带有符号的温度值:"，然后用索引取出特定的字符。

图3-2 字符串的索引

实例 e3.2wendu.py

```
1    words = "请输入带有符号的温度值:"
2    print(words[0])
3    print(words[8:10])
```

运行程序，索引 0 对应字符"请"，还有索引 8 和 9 对应的"温度"都被输出，但是索引 10 对应的字符没有出现，为什么不包含索引 10 呢？这是下面要解释的切片问题。

3.1.5 切片

序列的切片语法是[m:n]，这是一个半闭合区间，等效于数学上[m,n)的取值范围。数学上[m,n)表示提取 m 到 n 之间的数据，但是提取 m，却不提取 n。

通过指定左右两个数字 m 和 n 来标记对应区间的起止索引，通过冒号（:）实现切片，切片是索引的升级版。提取元素时左边的索引被包含，而右边的索引不被包含。

例如，words [8:10]得到的字符串是"温度"，而不是"温度值"。

如果我们要输出 words 的索引 0~7 的字符，包含索引 7，那么可以这样做：

实例 e3.2wendu.py

```
4    print(words[0:8])    #提取时包含左边的索引，而不包含右边的索引
```

运行结果：

```
请输入带有符号的
```

再试试下面的代码。

实例 e3.2wendu.py

```
5    print(words[0])
6    print(words[-1])
7    print(words[:])    #提取全部元素
8    print(words[1:])
9    print(words[:-1])
```

运行结果：

```
请
:
请输入带有符号的温度值:
输入带有符号的温度值:
请输入带有符号的温度值
```

57

动手试一试

3-1 输入五位数以内的正整数，将其转为中文大写，用"零壹贰叁肆伍陆柒捌玖"表示。

3-2 输入一串数字，从左向右依次抽取奇数位和偶数位，将奇数位的数字排在偶数位的数字前，组成一个新的数字并输出。

3.2　输出漂亮的唐诗

其 IPO 描述如下。

❑　　输入：把唐诗存入字符串变量。

❑　　处理：遍历字符串，处理逗号和句号。

❑　　输出：处理后的信息。

这种依次处理字符串中每一个字符的行为，称为遍历。

遍历 for 的语法：

```
for <循环变量> in <遍历结构>:
<语句块1>
```

遍历的循环执行次数是根据<遍历结构>中的元素个数确定的。

下面举例说明。选一首七言唐诗，用程序输出美观的格式，并在有逗号和句号的地方换行。从图 3-3 中可以看到每个字符的索引。

少	小	离	家	老	大	回	，	……		从	何	处	来	。
0	1	2	3	4	5	6	7	……		27	28	29	30	31

图3-3　字符串的索引

实例 e3.3tangshi.py

```
1    # -*- coding: utf-8 -*-
2    words="少小离家老大回，乡音无改鬓毛衰。儿童相见不相识，笑问客从何处来。"
```

```
3    strs="，。"
4    for c in words: # c按顺序访问words字符串的每一个字符
5        if c in strs: # 遇到逗号或句号就换行
6            print()
7        else:
8            print(c,end='')
```

运行结果：

```
少小离家老大回
乡音无改鬓毛衰
儿童相见不相识
笑问客从何处来
```

这个程序的知识点如下。

❑　成员运算符 in 的语法。

❑　遍历循环 for 的语法。

❑　函数 print()的 end 参数。

3.2.1　程序背后的故事——一切皆可运算

一首唐诗被放到一个字符串变量 words 中，我们按照索引把唐诗逐字提取出来。这说明在计算机世界里，所有信息都已经被数字化。

字符在计算机里面是数字，可以参与运算，这有两个方面的含义。

（1）字符以编码的形式存储在计算机中，例如，在字符编码 ASCII 中，数字 0～9 对应的编码是 48～57，字母 A～Z 对应的编码是 65～90，字母 a～z 对应的编码是 97～122。

（2）序列类型中的所有元素都是有编号的，从 0 开始，称为索引，字符串的每个字符都可以通过索引来操作。

现实生活中存在着大量的信息，人类有选择地获取和处理信息，并用计算机记录下来，然后处理这些信息。字符的各种变换都与数字息息相关。计算机的"数字王国"的建立拉开了智能时代的序幕。

智能时代有两个经典案例：国际象棋的"人机大战"和国际围棋的"人机大战"。IBM 的超级计算机"深蓝"在国际象棋"人机大战"的最后一局中战胜了国际象棋世界冠军卡斯帕罗夫。围棋程序 AlphaGo 在国际围棋"人机大战"中，分别与韩国九段棋手李世石和中国九段棋手柯洁进行比赛，AlphaGo 均取得了胜利。

凭借庞大的数据库和强大的运算能力，计算机变得越来越"聪明"，计算机控制的机器人越来越多地取代人类的工作，例如，家用机器人可以完成某些家务劳动、玩具机器人可以唱歌跳舞、车载机器人可以实现自动驾驶。在计算机的世界里，一切皆可运算。

下面我们来学习唐诗输出程序的知识，就从 in 开始吧！

3.2.2　成员运算符 in

in 和 not in 是成员运算符，经常被用在 for 循环和 if 分支结构中，用法如表 3-1 所示。

表 3-1　成员运算符 in

运算符	说明
x in y	如果在指定的序列y中找到x，则返回True，否则返回False
x not in y	如果在指定的序列y中没找到x，则返回True，否则返回False

想要判断一个字母是否出现在某个单词中，可以这样写：

实例 e3.4in.py

```
1    message = "apple"
2    if 'a' in message:
3        print("字母a在里面")
4    if 'A' not in message:
5        print("字母A不在里面")
```

运行结果：

```
字母a在里面
字母A不在里面
```

3.2.3　for 循环

for 循环常用于遍历字符串、列表、元组、集合、字典等序列类型，可以逐个获取序列中的各个元素。例如，要依次输出 26 个英文字母，可以这样做：

实例 e3.5letters.py

```
1   LETTERS = 'ABCDEFGHIJKLMNOPQRSTUVWXYZ'
2   for c in LETTERS:
3       print(c,end=" ")
```

运行程序，你会看到输出了 26 个大写字母：

```
A B C D E F G H I J K L M N O P Q R S T U V W X Y Z
```

函数 print()的参数 end

参数 end 的两种常用形式如下。

（1）end=" "，表示输出用空格结束。

（2）end="\n"，默认值，表示输出用换行结束。

一般的 for 循环语法结构如图 3-4 所示。for 循环有一种使用保留字 else 的扩展模式，如图 3-5 所示，这种模式使用较少。

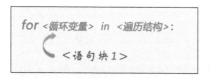

图3-4　for循环的语法结构

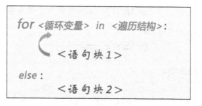

图3-5　for循环的扩展模式

在 for 循环的语法结构中，else 是可选结构，不是必需的。

在扩展模式中，for 循环正常执行<语句块 1>后，会继续执行 else 的<语句块 2>。else 语句只在循环正常执行并结束后才被执行。

实例 e3.5letters.py

```
1   LETTERS = 'ABCDEFGHIJKLMNOPQRSTUVWXYZ'
2   for c in LETTERS:
3       print(c,end=" ")
4   else:
5       print("\n字母表看完了")
```

运行结果：

```
A B C D E F G H I J K L M N O P Q R S T U V W X Y Z
字母表看完了
```

3.2.4 3 个引号

如果程序中的字符串很长，可以考虑用三引号（单引号或双引号），这样里面的换行会被保留，来看下面这个例子。

实例 e3.6poem.py

```
1    # -*- coding: UTF-8 -*-
2    words='''《黄鹤楼》
3    昔人已乘黄鹤去，此地空余黄鹤楼。
4    黄鹤一去不复返，白云千载空悠悠。
5    晴川历历汉阳树，芳草萋萋鹦鹉洲。
6    日暮乡关何处是，烟波江上使人愁。'''
7    strs="，。"
8    for c in words:
9        if c in strs:
10            print()    #不带参数，就是默认换行
11        else:
12            print(c,end='')
```

运行结果：

```
《黄鹤楼》
昔人已乘黄鹤去
此地空余黄鹤楼
黄鹤一去不复返
白云千载空悠悠
晴川历历汉阳树
芳草萋萋鹦鹉洲
日暮乡关何处是
烟波江上使人愁
```

程序在运行时遇到逗号和句号都会换行。

3.2.5 函数 str()

我们经常需要在消息中使用变量的值，而有的变量是字符串，有的变量是浮点数，在

输出时往往会遇到麻烦。

以下面一段程序为例。

实例 e3.7birthday.py

```
1    age = 12
2    message = "祝你" + age + "岁生日快乐!"
3    print(message)
```

你可能认为，上述代码会输出一条简单的生日祝福语"祝你 12 岁生日快乐!"。

但如果运行这些代码，如图 3-6 所示，你将发现错误：数值 12 不能和字符串直接拼接。

```
Traceback (most recent call last):
  File "H:/LearnPython/chapter03/e3.9birthday.py", line 2, in <module>
    message = "祝你" + age + "岁生日快乐!"
TypeError: must be str, not int
```

图3-6　整数引起的字符串错误

这时需要将整数转换为字符串，可调用函数 str() 将非字符串转换为字符串。

```
message = "祝你" + str(age) + "岁生日快乐!"
```

修改代码后的运行效果：

```
祝你12岁生日快乐!
```

函数 str()能够强制将其他数据类型转换为字符串，例如整数、浮点数、列表、字典等组合数据类型都能被函数 str()转换为字符串。

3.2.6 比较字符大小

字符是可以比较大小的。

例如，从键盘输入一串字符，让程序将其中的数字去掉，输出处理后的字符串。要过滤掉数字，那么就要了解数字是如何保存的。

在 ASCII 编码中，数字是从 0～9 连续保存的，字母也一样，那么我们只要比较编码大小就可以找出数字。

实例 e3.8findnumber.py

```
1    mystr=input("请输入一串字符: ")
2    newstr=""
3    for ch in mystr:
4        if ch>="0" and ch<="9":
5            continue
6        newstr+=ch
7    print("删除数字后的字符串为: "+newstr)
```

运行结果：

请输入一串字符: **PYTHON2018AND2019**

删除数字后的字符串为: **PYTHONAND**

字符串的每个元素都是字符，直接判断大于字符 "0" 且小于字符 "9" 即可。

动手试一试

3-3 将字符串"By reading we enrich the mind."和字符串"By conversation we polish it."拼接成一个句子，格式如下：

By reading we enrich the mind,by conversation we polish it.

3-4 将字符串 "By other's faults, wise men correct their own." 中的 "men" 替换成 "person"，并计算其包含的标点符号（包括逗号、句号、感叹号和问号）的个数。

3.3 字母替代游戏

我们来玩一个字母游戏，把一段英文中的每个字母都替换成其他字母，这样一段文章就被变成了看不懂的"天书"。

这里节选一段英文童话 *Alice in Wonderland* 的文字，比较两段文字的变化。

明文（原稿）：

Alice was beginning to get very tired of sitting by her sister on the bank, and of having nothing to do: once or twice she had peeped into the book her sister was reading, but it had no pictures or conversations in it, `and what is the use of a book,' thought Alice `without pictures or conversation?'

密文：

itqkm eia jmoqvvqvo bw omb dmzg bqzml wn aqbbqvo jg pmz aqabmz wv bpm jivs, ivl wn pidqvo vwbpqvo bw lw: wvkm wz beqkm apm pil xmmxml qvbw bpm jwws pmz aqabmz eia zmilqvo, jcb qb pil vw xqkbczma wz kwvdmzaibqwva qv qb, `ivl epib qa bpm cam wn i jwws,' bpwcopb itqkm `eqbpwcb xqkbczma wz kwvdmzaibqwv? '

原本的未改变的文字称为明文，加密替换后的文字称为密文。得到密文的过程称为加密，密文通过解密，可以恢复成明文。

加密的 IPO 描述如下。

❑ 输入：明文。

❑ 处理：通过加密算法替换文字。

❑ 输出：密文。

实例 e3.9encrypt.py

```
1    # -*- coding: UTF-8 -*-
2    #明文
3    message = "Alice was beginning to get very tired of sitting by her sister on the
     bank"
4    key = 8    # 密钥
```

65

```
 5      LETTERS = 'ABCDEFGHIJKLMNOPQRSTUVWXYZ' #字母表
 6      translated = '' # 密文
 7      message = message.upper() #把变量message存储的字母全部变成大写
 8      for c in message:
 9          if c in LETTERS:
10              num = LETTERS.find(c)    #找到变量c存储的字母在字母表的索引
11              num = num + key
12              if num>= len(LETTERS)：#大于字母表长度26
13                  num = num - len(LETTERS)
14              elif num< 0:
15                  num = num + len(LETTERS)
16              translated = translated + LETTERS[num] #密文就是LETTERS[num]
17          else: #拼接字母以外的字符,如空格等
18              translated = translated + c
19      print(translated.lower())#把字母全部变成小写再输出
```

运行程序，得到密文：

itqkm eia jmoqvvqvo bw omb dmzg bqzml wn aqbbqvo jg pmz aqabmz wv bpm jivs

程序涉及的知识点如下。

❑　字母替代加密法。

❑　字符串的索引。

❑　字符串的拼接。

❑　字母的大小写转换。

❑　字符串的函数 find()。

❑　使用 for 遍历字符串。

❑　print()输出。

在上述知识点中，"字母替代加密法"是重点，其他知识点基本上已经讲解过了。

3.3.1　程序背后的故事——凯撒加密法

这个加密程序运用的算法被称为"字母替代加密法"，它在两千年前被凯撒大帝（Julius Caesar）使用过，因此也称为"凯撒加密法"。

密码学是使用秘密代码的科学,是人们迫于环境压力而发明的方法。

两千年前,凯撒大帝在战争中用这种简单的替换字母的加密法来传递情报。几个世纪以来,类似的加密法被不断使用。在美国南北战争期间,同盟军使用的加密圆盘也是一种简单替换加密法,现被保存在美国国家密码博物馆。

下面介绍凯撒加密法。

1. 给 26 个字母编号

如图 3-7 所示,我们给 26 个字母编号。

A	B	C	D	E	F	G	H	I	J	K	L	M	N	O	P	Q	R	S	T	U	V	W	X	Y	Z
0	1	2	3	4	5	6	7	8	9	10	11	12	13	14	15	16	17	18	19	20	21	22	23	24	25

图3-7　被编号0~25的英文字母

用数字给字母编号,编号 0~25 就是由字母构成的字符序列的索引。这是一个非常重要的转变,因为有了数字,我们就可以给字母做算术运算。

2. 密钥

如果我们把 26 个字母的顺序改为从 P 开头,字母表按序移动,明文的 A 在密文里用 P 代替,明文的 B 在密文里用 Q 代替,依次类推,就得到了密文字母表,如图 3-8 所示。

在图 3-7 中,字母 P 的数字编号是 15,也就是说,字母 A 被移动了 15 个位,P 的编号 15 就是密钥。

这个密钥就是凯撒加密法的秘密所在。

> 明文字母表:ABCDEFGHIJKLMNOPQRSTUVWXYZ
>
> 密文字母表:PQRSTUVWXYZABCDEFGHIJKLMNO

图3-8　简单替代加密法的密码表

下面对照图 3-8,试试加工一段明文。拉丁语 "veni, vidi, vici"(我来,我见,我征服),明文 v 对密文 K,明文 e 对密文 T,依次类推,得到它的密文如图 3-9 所示。

> 明文：veni,vidi,vici
>
> 密文：KTCX,KXSX,KXRX

图3-9　明文加密

下面来分析计算机如何完成加密工作。

3.3.2　加密算法

计算机加密需要用到图 3-7，首先找到要被加密的字母下面的数字，然后把密钥加上去，求和得到新的数字，新数字对应的字母就是加密后的字母。

如果要加密字母 V，那么步骤如下。

（1）首先，我们找到 V 下面的数字是 21。

（2）接着用密钥 15 加上这个数字：21 + 15 = 36。

（3）数字 36 超过 26，则应该减去 26，36−26=10。

（4）数字 10 上面的字母是 K，这意味着字母 V 被加密成字母 K。

如果要加密字母 E，那么步骤如下。

（1）首先，我们找到 E 下面的数字是 4。

（2）接着用密钥 15 加上这个数字：4+15=19。

（3）数字 19 上面的字母是 T，因此 E 被加密成 T。

依次类推，加密工作就结束了。

加密一个字母的步骤总结如下。

（1）从 1～25 中选一个数字做密钥。

（2）找出明文字母的对应数字。

（3）用密钥加上这个明文字母的数字。

（4）如果和大于 26，则减去 26；如果和小于 0，则加上 26。

（5）找出结果数字对应的字母，这就是密文字母。

（6）对明文消息里的每个字母重复第 2~5 步。

了解完加密算法，下面来看解密算法。

3.3.3 解密算法

解密算法与加密算法刚好相反。我们首先找到希望解密的字母下面的数字，然后减去密钥数字，这个减去密钥的差就是明文的字母下面的数字。

解密一个字母的步骤总结如下。

（1）通过密钥，找出密文字母的对应数字。

（2）用这个密文字母的数字减去密钥。

（3）如果差大于 26，则减去 26；如果差小于 0，则加上 26。

（4）找出结果数字对应的字母，这就是明文字母。

（5）对密文消息里的每个字母重复第 2~4 步。

3.3.4 查找函数 find()

字符串的查找函数 find()，用于检测字符串中是否包含要检索的子字符串。

find()语法：

```
<字符串>.find(字符串1)
```

参数说明：<字符串 1>用于指定需要检索的子字符串。

返回值：如果包含<字符串 1>，则返回<字符串 1>在<字符串>中开始的索引值，否则返回-1。

实例 e3.10find.py

```
1    message = "apple tree"
2    astr="e"
3    wz=message.find(astr)
4    print("字母{}在{}的索引是{}".format(astr,message,wz))
```

运行结果：

```
字母e在apple tree的索引是4
```

3.3.5　解密程序

下面我们来解密一段密文，已知密钥是 8，"字母替代法"的解密程序如下：

实例 e3.11decrypt.py

```
1     message ="BPM AMKZMB XIAAEWZL QA ZWAMJCL" #密文
2     key = 8
3     LETTERS = 'ABCDEFGHIJKLMNOPQRSTUVWXYZ' #字母表
4     translated = '' #明文
5     message = message.upper()
6     for symbol in message:
7         if symbol in LETTERS:
8             num = LETTERS.find(symbol)
9             num = num - key
10            if num>= len(LETTERS):
11                num = num - len(LETTERS)    #len(LETTERS)=26字母表长度
12            elif num< 0:
13                num = num + len(LETTERS)
14            translated = translated + LETTERS[num]
15        else:
16            translated = translated + symbol
17    print(translated.lower())
```

运行结果：

```
the secret password is rosebud
```

上面的程序比较简单，但是密钥很关键，没有正确的密钥，密文就无法被解密成可理解的文字。

3.3.6　暴力破译法

破译者可以猜测一个密钥，然后用这个密钥去解密以得到明文。如果这不是正确的密钥，就继续尝试下一个密钥，这种尝试每个可能密钥的解密技术叫作暴力破译法。

凯撒加密法是一种简单的替代加密方法，密钥只有 25 种可能性。采用暴力破译法，最多 25 次就可以解密。

下面采用暴力破译重写解密程序 e3.11decrypt.py，将密钥 key = 8 这一步骤改为 for 循环即可。

如果你有一段很长的消息希望加密或解密，比如一本书，人工需要耗费数日或数周的时间，而计算机也许在几秒之内就可以完成这份工作。

动手试一试

3-5 采用凯撒加密法，将密钥换成 5，加密一段话"You never know your luck"，看看密文是什么。

3-6 采用暴力破译法，解密一段话"BPM AMKZMB XIAAEWZL QA ZWAMJCL"，看看明文是什么。

3.4 相关语法阅读

字符串的用途非常广泛，常用函数也很丰富，下面介绍几个常用函数。

3.4.1 空格处理

<字符串>.strip()用于删除首尾空格。

实例 e3.12kong.py

```
1    a='    apple cat dog coffe tea    '
2    b = a.replace(' ','')  #删除所有空格
3    c = a.strip()  #只能删除首尾空格
4    print(b)
5    print(c)
```

运行结果：

```
applecatdogcoffetea
apple cat dog coffe tea
```

replace()和 strip()两个函数在删除空格上的效果不同，replace()能去掉所有的空格。

3.4.2 常用字母转换

<字符串>.lower()转换为小写字母。

<字符串>.upper()转换为大写字母。

<字符串>.swapcase()大小写互换。

71

<字符串>.title()转换为首字母大写，其他字母小写。

3.4.3　对应的字母判断方法

<字符串>.islower()判断是否小写。

<字符串>.isupper()判断是否大写。

<字符串>.istitle()判断单词首字母是否大写。

3.4.4　字符串格式化

字符串的格式化输出有两种方式：传统的"%方式"和目前流行的"format 方式"。

本书主要使用 format 方式，在 2.1.11 节已经有所介绍，下面简要介绍一下"%方式"。

1．单个参数格式化

```
>>>print( '%s是一个好人'%'张三')
张三是一个好人
```

传递参数"张三"，必须跟在"%"后面。

2．两个参数

```
>>>print( '李小明是一个%s,%d岁'%('学生',10))
李小明是一个学生,10岁
```

传递多个参数时必须加括号：% ('学生',10)。

3．常用格式化字符串

❑　%s 用于字符串的格式化。

❑　%d 用于整数的格式化。

❑　%f 用于浮点数的格式化。

3.5　你学到了什么

在本章中，你学到了以下内容：什么是序列、字符串的序列特征、索引从 0 开始、索引可以为负值、遍历循环 for、成员运算符 in、三引号、函数 print()的 end 参数、用 upper()

和 lower()转换字符串大小写、比较字符的大小、强制转换函数 str()、明文与密文、凯撒加密法、解密算法与暴力破译。

第4章
列表，还是列表

4.1 解同余式

韩信带 1500 士兵去打仗，战死四五百人。列队点数，3 人站一排，多出 2 人；5 人站一排，多出 3 人；7 人站 1 排，多出 2 人。问：韩信手下还剩余多少士兵？

用下面这段程序可以求得答案。

实例 e4.1hanxin.py

```
1    for alive in range(1000,1101):
2        if (alive%3==2 and alive%5==3 and alive%7==2):
3            print("韩信手下还有{}个士兵。".format(alive))
```

运行结果：

韩信手下还有**1073**个士兵。

4.1.1 程序背后的故事——韩信点兵

秦朝末年，楚汉相争。一次，韩信带领 1500 名将士与楚王大将李锋交战。苦战一场，楚军不敌，败退回营，汉军也死伤四五百人，于是韩信整顿兵马也返回大本营。当行至一山坡，忽有后军来报，说有楚军骑兵追来。只见远方尘土飞扬，杀声震天。汉军本来已十分疲惫，这时队伍大哗。韩信兵马到坡顶，见来敌不足五百骑，便急速点兵迎敌。

他命令士兵 3 人一排，结果多出 2 名；接着命令士兵 5 人一排，结果多出 3 名；他又命令士兵 7 人一排，结果又多出 2 名。韩信随即向将士们宣布：我军有 1073 名勇士，敌人不足 500，我们居高临下，以众击寡，一定能打败敌人。汉军本来就信服自己的统帅，这样一来士气大振。一时间旌旗摇动，鼓声喧天，汉军步步进攻，楚军乱作一团。交战不久，楚军就大败而逃。

南北朝时期有一本数学著作《孙子算经》，其中首次提到了同余方程组问题，叫作"物不知数"问题，原文如下："今有物不知其数，三三数之剩二，五五数之剩三，七七数之剩二，问物几何？"

按照今天的话来说：一个数除以 3 余 2，除以 5 余 3，除以 7 余 2，求这个数。这个问题有人称为"韩信点兵"，也就是初等数学的解同余式。

用程序来解这个题看似简单，但其中的 range()函数并不简单。

4.1.2 计数函数 range()

计数函数 range()，用于产生一个整数序列的对象。

range()函数常用于协助遍历循环 for，语法如下：

```
for i in range(<循环次数>):
    <语句块1>
```

其中，range()函数的语法如下：

```
range(m, n, k)
```

参数说明。

❑ m：计数从 m 开始。默认值为 0。

❑ n：计数到 n 结束，不包含 n。

❑ k：递增或递减值，默认值为 1。

该函数返回的是一个对象，而不是列表，所以输出时不会输出列表，但我们可以使用列表函数 list()将 range()返回的对象转换为列表。例如：

```
x = list(range(0,5))
print(x)
```

运行程序，输出一个列表：

```
[0, 1, 2, 3, 4]
```

函数 range(m, n, k)的 3 个参数中两个有默认值，因此在函数调用时会有以下 3 种情况。

1. range(n)

range(n)函数表示计数从 0 开始，直到 n−1 结束。

实例 e4.2range.py

```
1    for i in range(10):
2        print(i,end=' ')
3    print()
```

运行结果：

```
0 1 2 3 4 5 6 7 8 9
```

2. range(m, n)

range(m,n)函数表示计数从 m 开始，直到 n−1 结束。

实例 e4.2range.py

```
4    for i in range(1,6):
5        print(i,end=' ')
6    print()
```

运行结果：

```
1 2 3 4 5
```

这里对比一下使用列表[1, 2, 3, 4, 5]的效果。

实例 e4.2range.py

```
7    for i in [1, 2, 3, 4, 5]:
8        print(i,end=' ')
9    print()
```

运行结果：

```
1 2 3 4 5
```

结果和 range(m,n)函数是一样的。

3. range(m, n, k)

range(m,n,k)函数表示计数从 m 开始，直到 n−1 结束，每次递增 k。

例如，输出一个从 20 开始、到 39 结束、逐步递增 5 的列表。

实例 e4.2range.py

```
10    for i in range(20,40,5)：#第3个参数（正整数）
11        print(i,end=' ')
```

运行结果：

```
20 25 30 35
```

4．累加求和

累加求和很适合用 range() 函数和 for 循环来求解。

从键盘输入 *n*，编程求 $1+2+\cdots+n$ 的值。

实例 e4.3totalsum.py

```
1    n= eval (input("请输入n:"))
2    if(n>1):
3        sum=0
4        i=1
5        for i in range(n+1):
6            sum=sum+i
7        print("1+2+...+{}={}".format(n,sum))
```

运行结果：

```
请输入n:10
1+2+...+10=55
```

4.1.3　列表类型

列表（list）是很重要的数据类型之一。上一节中的[1, 2, 3, 4, 5]就是一个列表，列表以左括号为开始，以右括号为结束。如果列表里有超过一个以上的值，那么要用逗号分隔这些值。

计算机要存储的数据很多，例如在游戏中，需要跟踪每个角色的位置，要跟踪玩家的得分。大气的温度、城市的距离、飞机经过的经度和纬度等数据都很重要，这些数据都需要合理的数据结构来保存和运算。列表非常适合用于处理各类数据。

列表属于序列类型。列表的长度没有限制，列表元素的数据类型也没有限制，使用非常灵活。

1. 列表的创建

实例 e4.4data.py

```
1    data1=["周五","12日","雷阵雨","25℃/20℃","无持续风向转东风<3级"]
2    data2=["周六","13日","雨","25℃/22℃","东风转东南风<3级"]
3    data3=["周日","14日","雨","27℃/22℃","南风转东北风<3级"]
4    print(data1)
5    print(data2)
6    print(data3)
```

运行结果：

```
['周五', '12日', '雷阵雨', '25℃/20℃', '无持续风向转东风<3级']
['周六', '13日', '雨', '25℃/22℃', '东风转东南风<3级']
['周日', '14日', '雨', '27℃/22℃', '南风转东北风<3级']
```

2. 列表函数 list()

list()函数的语法：

```
list(obj)
```

参数说明。

❑ obj 表示需要转换为列表的对象。

❑ list()函数可以将字符串、元组、字典等数据类型转化成列表。

例如，将字符串'apple'转化成列表。

```
>>> list('apple')
['a', 'p', 'p', 'l', 'e']
```

list()函数和 range()函数常配合使用，需注意以下两点。

❑ range()函数返回的结果是一个整数序列的对象，而不是列表。

❑ range()函数可以简洁地创建对象，再使用 list()函数将对象转换为列表。

无参数时，list()函数会返回一个空列表，下面举例说明。

实例 e4.4data.py

```
7    stdata1=list()  #空列表
8    stdata2=list(range(20))
```

```
9    print(stdata1)
10   print(stdata2)
```

运行结果：

```
[]
[0, 1, 2, 3, 4, 5, 6, 7, 8, 9, 10, 11, 12, 13, 14, 15, 16, 17, 18, 19]
```

3. 成员运算符 in

列表属于序列类型，支持成员运算符 in 和长度函数 len()。成员运算符 in 可以用于搜索列表，判断一个值是否存在于列表中，返回结果为"True"或"False"。

实例 e4.4data.py

```
11   print("列表data2的长度: ",len(data2))
12   if ("雨"in data2):
13       print("列表data2的元素包含: 雨")
14   alist=[3, 4, 5, 5.5, 7, 9, 11, 13, 15, 17]
15   print(3 in alist)
16   print(8 in alist)
```

运行结果：

```
列表data2的长度: 5
列表data2的元素包含了: 雨
True
False
```

4. 列表的索引

列表里的元素是有先后顺序的，通过索引指向每一个元素。索引的编号从 0 开始，我们可以通过索引得到序列中对应的元素。索引若为正数，代表从左开始计数；若为负数，代表从右开始计数。

一周有 7 天，我们把每天的名称放到一个列表中，如图 4-1 所示。

0	1	2	3	4	5	6
'Monday'	'Tuesday'	'Wednesday'	'Thursday'	'Friday'	'Saturday'	'Sunday'
-7	-6	-5	-4	-3	-2	-1

图4-1 列表的索引

代码如下。

实例 e4.5week.py

```
1    week=['Monday','Tuesday','Wednesday','Thursday','Friday','Saturday','Sunday']
```

如果让你建立一个家庭成员列表，可以这样写：

```
2    family = ['Mom', 'Dad', 'Tomy', 'Luccy']
```

如果让你写下你的幸运数字，可以这样写：

```
3    luckyNumbers = [2, 7, 14, 26, 30]
```

5．从列表获取元素

列表索引从 0 开始，因此这个列表中的第一项就是 week [0]。可以这样获取元素：week[0]、week[0:3]、week[3:-1]、week[-1]。

用函数 print()输出这几个元素，看看显示的数据。

实例 e4.5week.py

```
4    print(week[0])
5    print(week[0:3])
6    print(week[3:-1])
7    print(week[-1])
```

运行结果：

```
Monday
['Monday', 'Tuesday', 'Wednesday']
['Thursday', 'Friday', 'Saturday']
Sunday
```

列表和数组有一些相似之处，我们可以用列表保存一维数组和二维数组。

身份证号码的开头两位数字用于显示出生地信息，例如北京的数字是 "11"，这两位数字代表的信息可以表示为 ["北京","11"]。

下面用列表给出一个完整的出生地信息，注意列表的元素也是列表。

实例 e4.6provid.py 程序

```
1    provid = [["北京", "11"], ["吉林", "22"], ["福建", "35"], ["广东", "44"],
2              ["云南", "53"], ["天津", "12"], ["黑龙江", "23"], ["江西", "36"],
3              ["广西", "45"], ["西藏", "54"], ["河北", "13"], ["上海", "31"],
```

```
4                ["山东", "37"], ["海南", "46"], ["陕西", "61"], ["山西", "14"],
5                ["江苏", "32"], ["河南", "41"], ["重庆", "50"], ["甘肃", "62"],
6                ["内蒙古", "15"], ["浙江", "33"], ["湖北", "42"], ["四川", "51"],
7                ["青海", "63"], ["辽宁", "21"], ["安徽", "34"], ["湖南 ", "43"],
8                ["贵州", "52"], ["宁夏", "64"], ["新疆", "65"], ["台湾", "71"],
9                ["香港", "81"], ["澳门", "82"], ["国外", "91"]]
10   print(provid[0])
11   print(provid[0][0])
12   print(provid[0][1])
```

运行结果：

```
['北京', '11']
北京
11
```

初学者理解这个例子有点难度。通过索引 0 取得元素 provid[0]的值，该值也是一个列表，再次通过索引 0 取得子元素 provid[0][0]的值，该值是一个字符串，字符串输出时不会显示代表字符串的单引号或双引号。

6. 列表可以包含任何内容

列表的强大之处在于对元素的数据类型没有限制，元素可以是整数、实数、字符串等数据类型，也可以是列表、元组、字典、集合这些组合数据类型，甚至可以是对象类型。

实例 e4.7shenzhen.py

```
1   data1=["周五","12日","雷阵雨","25℃/20℃","无持续风向转东风<3级"]
2   data2=["周六","13日","雨","25℃/22℃","东风转东南风<3级"]
3   data3=["周日","14日","雨","27℃/22℃","南风转东北风<3级"]
4   my_list = [2019,4,5,'深圳',data1,data2,data3]
5   print(my_list)
```

运行结果：

```
[2019, 4, 5, '深圳', ['周五', '12日', '雷阵雨', '25℃/20℃', '无持续风向转东风<3级'], ['周六', '13日', '雨', '25℃/22℃', '东风转东南风<3级'], ['周日', '14日', '雨', '27℃/22℃', '南风转东北风<3级']]
```

4.1.4 遍历列表

for 循环可以遍历列表，列表中有多少个元素就循环多少次。

下面是一个遍历 week 的例子。

实例 e4.8alist.py

```
1    week=['Monday','Tuesday','Wednesday','Thursday','Friday','Saturday','Sunday']
2    for i in week:
3        print(i,end=' ')
```

运行结果：

```
Monday Tuesday Wednesday Thursday Friday Saturday Sunday
```

for 循环依次输出了列表中的每个元素。

4.1.5　循环嵌套

Python 语言允许在一个循环体里面嵌入另一个循环。

（1）for 循环嵌套语法。

```
for <循环变量1> in <遍历结构1>:
    for <循环变量2> in <遍历结构2>:
        <语句块2>
    <语句块1>
```

（2）while 循环嵌套语法。

```
while <条件1>:
    while <条件2>:
        <语句块2>
    <语句块1>
```

我们可以在循环体内嵌入其他的循环体，例如在 while 循环中嵌入 for 循环；反之，也可以在 for 循环中嵌入 while 循环。

下面来看两个例子。

（1）for 循环的嵌套案例。

实例 e4.9doublefor.py

```
1    a = [1, 2, 3]
2    b = ['apple', 'bird', 'cat']
3    for i in range(len(a)):
4        print(a[i],end=' ')
```

```
5        for j in range(len(b)):
6            print(b[j],end=' ')
7        print()
```

运行结果：

```
1 apple bird cat
2 apple bird cat
3 apple bird cat
```

（2）while 循环的嵌套案例：九九乘法表。

实例 e4.10doublewhile.py

```
1    i = 1
2    while i<= 9:
3        j = 1
4        while j <= i:
5            print("%d*%d=%-2d"%(i,j,i*j),end = ' ')
6            # %d: 整数的占位符，'-2'代表靠左对齐，两个占位符
7            j += 1
8        print()
9        i += 1
```

运行结果：

```
1*1=1
2*1=2  2*2=4
3*1=3  3*2=6   3*3=9
4*1=4  4*2=8   4*3=12 4*4=16
5*1=5  5*2=10  5*3=15 5*4=20 5*5=25
6*1=6  6*2=12  6*3=18 6*4=24 6*5=30 6*6=36
7*1=7  7*2=14  7*3=21 7*4=28 7*5=35 7*6=42 7*7=49
8*1=8  8*2=16  8*3=24 8*4=32 8*5=40 8*6=48 8*7=56 8*8=64
9*1=9  9*2=18  9*3=27 9*4=36 9*5=45 9*6=54 9*7=63 9*8=72 9*9=81
```

百钱买百鸡

百钱买百鸡问题是一个数学问题，出自中国古代的《张邱建算经》，题目是：鸡翁一，值钱五；鸡母一，值钱三；鸡雏三，值钱一。百钱买百鸡，问鸡翁、鸡母、鸡雏各几何？

通俗地说，就是 100 元买 100 只鸡，其中公鸡每只 5 元，母鸡每只 3 元，小鸡 3 只 1 元，问分别能买几只公鸡、几只母鸡、几只小鸡？

下面给出一个笨办法，将公鸡 x，母鸡 y，小鸡 z 可能的组合全部遍历，看哪些数符合方程 $5x+3y+z/3=100$ 和 $x+y+z=100$ 两个条件。

实例 e4.11chicken.py 程序

```
1    for x in range(100//5+1):
2        for y in range(100//3+1):
3            for z in range(100+1):
4                if((x*5+y*3+z/3==100) and (x+y+z==100)):
5                    print("购买{}只公鸡，{}只母鸡，{}只小鸡正好100钱".format(x,y,z))
```

运行程序，得到以下结果，可以看出不止一组解。

购买0只公鸡，25只母鸡，75只小鸡正好100钱
购买4只公鸡，18只母鸡，78只小鸡正好100钱
购买8只公鸡，11只母鸡，81只小鸡正好100钱
购买12只公鸡，4只母鸡，84只小鸡正好100钱

下面总结一下遍历循环 for 的优点。

（1）for 循环可以遍历列表、字符串等组合数据类型。数据有多少个元素，循环就执行多少次。

（2）使用计数函数 range() 配合 for 循环，可以执行确定次数的循环。

动手试一试

4-1 将使用 while 语法实现九九乘法表的例子改用 for 和 range() 来实现。对比两个程序，看看有什么不同。

4-2 请用户提供 5 个人的名字，编写程序将这 5 个名字保存在一个列表中并输出，不要带中括号和引号。

4.2 评委打分

在演讲比赛中都会有打分环节，比如有 10 位评委给选手打分（分数限制在 60～100），选手的得分规则是：去掉 1 个最高分，再去掉 1 个最低分，余下分数的平均分即为选手的得分。

现在我们用计算机模拟 10 位评委的打分，然后计算出选手最终得分。

评委打分的 IPO 描述如下。

❑　输入：计算机模拟评委打分。

❑　处理：计算选手的得分。

❑　输出：选手得分。

实例 e4.12dafen.py

```
1    from random import randint
2    n=10
3    splist=[]
4    #采用随机数生成10位评委的打分，分数限制在60到100之间
5    for i in range(n):
6        splist.append(randint(60, 100))
7    print("{}位评委的打分为: {}".format(n, splist))
8    splist.sort() #从小到大排序
9    print("分数从低到高为: {}".format(splist))
10   spnewlist=splist[1:-1]    #利用切片,去掉1个最高分和1个最低分,并赋值给新列表
11   aver=0.0
12   for num in spnewlist:
13       aver+=num
14   aver=round(aver/len(spnewlist))    #计算平均值
15   print("去掉1个最低分和1个最高分，然后分数是: {}".format(spnewlist))
16   print("该名选手的最终得分为: {}".format(aver))
```

运行结果：

```
10位评委的打分为: [71, 87, 82, 67, 99, 98, 82, 63, 62, 60]
分数从低到高为: [60, 62, 63, 67, 71, 82, 82, 87, 98, 99]
去掉1个最低分和1个最高分，然后分数是: [62, 63, 67, 71, 82, 82, 87, 98]
该名选手的最终得分为: 76
```

程序解释如下。

（1）len()函数用来获取列表的长度。

（2）使用 random.randint()时，会得到一个新的随机整数。由于我们为它设定的参数是

60 和 100，所以得到的整数会大于等于 60，小于等于 100。

如果你想得到一个随机小数，可以使用 random.random()，不用在括号里放任何参数，就能得到一个介于 0 到 1 之间的 float 类型的随机数。

4.2.1　程序背后的故事——计算机模拟

我们在 2.3.2 节介绍了随机数的重要性，下面来介绍一个相关话题——计算机模拟。

计算机模拟也叫数值模拟。计算机可以模拟抛硬币，抛 100 万次硬币只需几秒的时间。有时科学家想知道"如果……会怎么样"，比如，如果小行星撞到月球会怎么样？我们无须等待让一个真正的小行星撞月球，计算机仿真就可以告诉我们有什么后果：月球碎片会不会扩散到太空？会不会撞到地球？会不会改变轨道？

计算机模拟实际上可以理解为用计算机来做实验。人类在计算机上求解一个特定问题的过程与在实验室完成一个物理实验类似。比如，通过计算机去计算某一特定机翼的绕流，将图像结果呈现到显示器中，生动地呈现流动的场景，让人们可以清楚地看到波的运动、旋涡的生成与传播。飞行员在学习开飞机时并不总是在真正的飞机上练习，因为飞行成本太高，所以他们经常使用仿真模拟器，模拟器能提供与飞机情况相同的控制和反馈，方便学员反复操练。

计算机模拟常用到随机数，所以了解各种随机数函数很重要。

本章的评委打分程序还涉及排序问题，下面我们来学习列表的排序！

4.2.2　列表排序

列表排序有多种方法，常用的是 sort() 函数。数值构成的列表或字符串构成的列表都可以用 sort() 函数排序，但是不能对既有数字又有字符串值的列表进行排序。

1. 排序函数 sort()

sort() 语法：

```
<列表>.sort(key=None, reverse=False)
```

参数说明。

❑　key：指定规则，默认值是 None。

❑　reverse：反向，默认值是 False，表示升序（从小到大）。

下面来看一个数值构成的列表。

实例 e4.13listsort.py

```
1    aspam = [2, 5, 3.14, 1, -7]
2    aspam.sort()
3    print(aspam)
```

运行结果：

```
[-7, 1, 2, 3.14, 5]
```

数值的排序默认是从小到大的。

下面再看一个由字符串构成的列表。

实例 e4.13listsort.py

```
4    bspam = ['ants', 'cats', 'dogs', '25', 'badgers', 'elephants']
5    bspam.sort()
6    print(bspam)
```

运行结果：

```
['25', 'ants', 'badgers', 'cats', 'dogs', 'elephants']
```

在 ASCII 编码中，数字的编码比字母的编码小，所以这组字符串的排序是数字字符在前，然后按首字母依次排序。

列表排序应该注意如下两点。

（1）sort()没有返回值，原列表被直接修改。例如 list=[3,8,5]，不要写成 list = list.sort()，试图记录返回值。sort()会修改你提供的原始列表，而不是创建一个新的列表。

（2）sort()不能对既有数字又有字符串值的列表进行排序。例如，列表['dog',50,'cat']就不能排序。

2. 逆置函数 reverse()

逆置，就是反向，是指颠倒元素的次序。

reverse ()语法：

```
<列表>.reverse()
```

该函数用于逆置列表中的元素。例如：

实例 e4.13listsort.py

```
7    alist = ['you', 'need', 'python']
8    alist.reverse()
9    print(alist)
```

运行结果：

```
['python', 'need', 'you']
```

3．列表按逆序排序

将一个列表按逆序排序有多种方法，这里介绍两种方法：使用函数 reverse()和使用参数 reverse。

（1）使用函数 reverse()。

先使用列表的函数 sort()去排序列表，然后使用函数 reverse ()逆置列表中的元素。

实例 e4.14reverse.py

```
1    aspam = [2, 5, 3.14, 1, -7]
2    aspam.sort()
3    aspam.reverse()
4    print(aspam)
```

运行结果：

```
[5, 3.14, 2, 1, -7]
```

（2）使用参数 reverse。

将排序函数 sort()的参数 reverse 设置为 True，表示按逆序排序。

实例 e4.14reverse.py

```
5    bspam = ['ants', 'cats', 'dogs', '25', 'badgers', 'elephants']
6    bspam.sort(reverse=True)
7    print(bspam)
```

运行结果：

```
['elephants', 'dogs', 'cats', 'badgers', 'ants', '25']
```

列表的排序函数和逆置函数都是直接修改列表，这说明列表中原来的内容已经没有了。

如果希望保留原来的列表，那么应该提前建立列表副本。

4.2.3　家人与朋友列表

向列表增加、插入、删除元素之前，必须先创建列表，创建的列表可以是空列表。

1．插入一个元素 insert()

列表插入函数 insert ()语法：

```
<列表>. insert (<索引>,<元素>)
```

参数说明。

❑　在<列表>的<索引>位置增加一个<元素>。

❑　<索引>是要插入的位置。

下面创建一个家庭成员列表 family，在索引的位置插入元素：'祖母'。

实例 e4.15Familyafriend.py

```
1    family = ['爸爸', '妈妈', '莉莉', '洋洋']
2    family.insert(0,'祖母')  #插入
3    print(family)
```

运行结果：

```
['祖母', '爸爸', '妈妈', '莉莉', '洋洋']
```

2．增加一个元素 append()

列表增加函数 append ()语法：

```
<列表>. append (<元素>)
```

append 是追加的意思，把一个元素追加到列表，就是把它添加到列表的末尾。

实例 e4.15Familyafriend.py

```
4    family.append('小胖')
5    print(family)
```

运行结果：

```
['祖母', '爸爸', '妈妈', '莉莉', '洋洋', '小胖']
```

3. 空列表

创建空列表有两种方法：使用函数 list()或[]。下面创建一个空列表 friends。

实例 e4.15Familyafriend.py

```
6    friends = []
7    friends.append('墩子')
```

4. 增加多个元素 extend()

当需要增加的元素较多时，可以直接增加一个列表。

extend ()语法：

```
<列表1>. extend (<列表2>)
```

该函数的参数是<列表 2>，表示把<列表 2>的元素都添加到<列表 1>的末尾。

实例 e4.15Familyafriend.py

```
8    friends.extend(['小雨','小龙','叶子'])
9    print(friends)
```

运行结果：

```
['墩子', '小雨', '小龙', '叶子']
```

5. 列表的删除 remove()

有许多方法可以做到从列表中删除元素，比较简单的方法是使用函数 remove()。

remove ()语法：

```
<列表>.remove (<元素>)
```

该函数会从列表中删除第一个出现的<元素>。

6. 列表的统计函数 count()

count()函数用于统计某个元素在列表中出现的次数。

count()语法：

```
<列表>.count(<元素>)
```

实例 e4.16count.py

```
1    letters = ['a', 'b', 'c', 'd', 'c']
2    n=letters.count('c')
3    print(n)
4    letters.remove('c')
5    print(letters)
```

运行结果：

```
2
['a', 'b', 'd', 'c']
```

列表中元素 c 出现了 2 次，第 4 行代码把第一个 c 删除，但是后面的 c 被保留。

4.2.4　神奇的食物列表

在程序中，有时需要为列表创建副本。下面来看如何复制列表。

我们设计两个方案，将列表 my_foods 复制到新列表 new_foods。

方案 1：切片，一个包含整个列表的切片代码如下。

```
new_foods = my_foods[:]
```

方案 2：赋值，只是简单地将 my_foods 赋给 new_foods。

```
new_foods = my_foods
```

下面编写程序，看看两个方案的执行情况。

首先执行方案 1。

实例 e4.17foods.py

```
1    my_foods = ['木瓜','西瓜','草莓']
2    new_foods = my_foods[:]    #方案1切片
3    # new_foods = my_foods      #方案2赋值
4    my_foods.append('花生')
5    new_foods.append('芒果')
6    print("My foods are:")
7    print(my_foods)
8    print("New favorite")
9    print(new_foods)
```

运行结果：

```
My foods are:
['木瓜', '西瓜', '草莓', '花生']
New favorite
['木瓜', '西瓜', '草莓', '芒果']
```

看起来还不错，两个列表各不相干，数据各自独立。

下面给第 2 行代码开头加上注释（#），删除第 3 行代码开头的注释（#），执行方案 2。

运行结果：

```
My foods are:
['木瓜', '西瓜', '草莓', '花生', '芒果']
New favorite
['木瓜', '西瓜', '草莓', '花生', '芒果']
```

在结果中，两个列表居然同时被添加了"花生"和"芒果"。

结论：只有按照方案 1 使用切片复制列表的内容，我们才能得到列表的副本。

列表副本

（1）如果要保留原来的列表，建立列表副本，则必须通过切片来完成。

（2）与整数和字符串的简单赋值不同，列表不能通过简单的赋值得到副本。

4.2.5　有趣的计算机造句

造句，即用词语组织句子。句子是语言的基本单位，能表达一个完整的意思。句子的基本结构具有一定的规律，例如很多句子符合"主语+谓语+宾语"的结构。那么用计算机帮助我们造句，结果会如何？

首先定义 4 个列表——主语列表、谓语列表、宾语列表、定语列表，再调用随机数函数 random.randint() 得到随机数，将随机数作为索引去提取主语、谓语、宾语、定语，最后输出符合"定语+主语+谓语+宾语"结构的句子。

实例 e4.18zhaoju.py

```
1      from random import randint
2      zhu=['你','我','他','她']
3      wei=['吃','穿','做','打','看']
4      bin=['木瓜','草莓','猕猴桃','芒果','西瓜','甜菜','芹菜','卷心菜','金针菇']
```

```
5    ding=['快乐的','炎热的','美丽的']
6    dingyu=ding[randint(0,len(ding)-1)]
7    zhuyu=zhu[randint(0,len(zhu)-1)]    #随机获取列表的元素
8    weiyu=wei[randint(0,len(wei)-1)]
9    binyu=bin[randint(0,len(bin)-1)]
10   print(dingyu+zhuyu+weiyu+binyu)
```

运行结果：

快乐的他穿卷心菜

代码解释如下。

（1）len(zhu)返回值是列表 zhu 的长度，这里为 4。

（2）randint(0,len(zhu)-1)产生一个 0～3 的随机整数，以这个整数作为索引，获取列表 zhu 的对应元素。

动手试一试

4-3 请用户提供想去旅游的地点，编写程序将这些旅游的地点保存在一个列表中，排序并输出，不要带中括号和引号。

4-4 请给计算机造句程序加上状语的结构，例如：在河边、周末、夜晚、夏天等。

4.3 换位加密

我们的日常生活中有很多简单、有趣的算法。换位加密法是一种较为简单的加密算法，原理是根据某种规则改变字符的顺序，使消息不可读，变为没有意义的密文。由于明文只是改变了位置，因此这样得到的字符并没有增加，只是字符排序被打乱了。

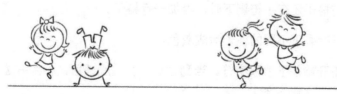

加密过程如下。

（1）第一步：画出一个列数等于密钥的格子。我们将密钥设置为 8，那么就画 8 个格子。

（2）第二步：把希望加密的消息写入格子，每个格子写入一个字符。

下面这段文字摘自鲁迅的文章《少年闰土》："这时候，我的脑里忽然闪出一幅神异的图画来：深蓝的天空中挂着一轮金黄的圆月，下面是海边的沙地。"将这段文字写入格子，如表 4-1 所示。

表 4-1 换位加密法的手工方法

	0	1	2	3	4	5	6	7
0	这	时	候	，	我	的	脑	里
1	忽	然	闪	出	一	幅	神	异
2	的	图	画	来	：	深	蓝	的
3	天	空	中	挂	着	一	轮	金
4	黄	的	圆	月	，	下	面	是
5	海	边	的	沙	地	。		

把最后一行没有填写的格子涂成灰色，用于提醒我们注意这两列的字数不同。我们改变阅读方向，由上至下，由左往右，读到的文字就变成：

这忽的天黄海时然图空的边候闪画中圆的，出来挂月沙我一：着，地的幅深一下。脑神蓝轮面里异的金是

这就是换位加密法，它的混乱程度足以避免别人看一眼就弄清楚原来的消息。

手工加密的步骤总结如下。

（1）数一下消息里的字符个数。

（2）画一行个数等于密钥的格子（比如密钥是 8，格子就有 8 个）。

（3）从左到右开始填充格子，每个格子填一个字符。

（4）当你用完格子还有字符剩下时，再加一行格子。

（5）把最后一行剩下不用的格子涂成灰色。

（6）从左上角开始往下读取字符。当到达这一行的底部后，移到右边那一列，并且跳过任何灰色的格子。这就是密文。

下面我们通过编程来实现加密。

4.3.1 换位加密算法

从表 4-1 来看，这个程序也许要使用二维列表，但其实只用一维列表即可，列表的元素采用字符串，每个字符串存储若干个字符。

在表 4-1 中，第一列包含的字符在索引 0、8、16 和 24 的位置上，第二列包含的字符在索引 1、9、17 和 25 的位置上，依次类推，得到表 4-2。将密钥设置为 n，我们可以发现一个规律：第 n 列包含的字符在索引 $0+n$、$8+n$、$16+n$ 和 $24+n$ 等位置上。

表 4-2　换位加密法的排列规律

0	1	2		i			$0+n$
8				$8+i$			$8+n$
16				$16+i$			$16+n$
24				$24+i$			$24+n$
32				$32+i$			$32+n$
40				$40+i$			$40+n$

我们把换位加密法的文字与索引对照关系放到表 4-3 中，便于观察和求解。

表 4-3　换位加密法的文字与索引对照

这	时	候	，	我	的	脑	里	0	1	2	3	4	5	6	7
忽	然	闪	出	一	幅	神	异	8	9	10	11	12	13	14	15
的	图	画	来	：	深	蓝	的	16	17	18	19	20	21	22	23
天	空	中	挂	着	一	轮	金	24	25	26	27	28	29	30	31
黄	的	圆	月	，	下	面	是	32	33	34	35	36	37	38	39
海	边	的	沙	地	。			40	41	42	43	44	45		

下面我们用程序来实现字符读取的过程。

（1）创建一个包含空字符串的列表。

这个列表包含的空字符串的个数等于密钥，因为一个字符串表示一列格子。

```
key = 8
listxt = [''] * key
```

列表和*运算符放在一起表示复制，listxt 的内容为[',',',',',',',',',',',',',']。

（2）把列方向的文字添加到 listxt 中。

for 循环为每一列迭代一次，用变量 col 表示第几列，表达式 listxt[col]就是网格的第 col 列字符串。

for 循环的第一次迭代里 col 设为 0，在第二次迭代里设为 1，接着设为 2，依次类推。

变量 pointer 表示从第 col 列的第 1 个值开始循环，每次递增 8，取出明文的字符。

下面是加密的源程序。

实例 e4.19encrypt.py

```
1    message = "这时候，我的脑里忽然闪出一幅神异的图画来：深蓝的天空中挂着一轮金黄的圆月，下面是
2    海边的沙地。"
3    key = 8
4    listxt = [''] * key
5    for col in range(key):
6        pointer = col
7        while pointer <len(message):
8            listxt[col] += message[pointer]
9            pointer += key #每次递增8
10   translated = ''.join(listxt)
11   print(translated )
```

运行结果：

这忽的天黄海时然图空的边候闪画中圆的，出来挂月沙我一：着，地的幅深一下。脑神蓝轮面里异的金是

代码解释如下。

（1）第 4 行代码执行后，列表 listxt 的内容为['', '', '', '', '', '', '', '']。

（2）第 9 行代码执行后，列表 listxt 的内容与表 4-3 的列相同：['这忽的天黄海', '时然图空的边', '候闪画中圆的', '，出来挂月沙', '我一：着，地', '的幅深一下。', '脑神蓝轮面', '里异的金是']。

（3）第 10 行代码执行后，用字符串连接函数 join()将列表 listxt 的元素直接拼接为一个字符串。

4.3.2　列表的运算符

使用+和*运算符可以拼接和复制列表，类似拼接和复制字符串。

1. 运算符*

加密程序中有如下代码:

```
listxt = [''] * key
```

一个列表和*运算符放在一起,表示复制。

2. 运算符+

通常"+"两侧的序列由相同类型的数据构成,在拼接的过程中,两个被操作的序列都不会被修改,Python 会新建一个包含同样数据类型的序列作为拼接的结果。

实例 e4.20operator.py

```
1    print(['hello'] + ['world'])
2    print(['hello'] * 5)
```

运行结果:

```
['hello', 'world']
['hello', 'hello', 'hello', 'hello', 'hello']
```

列表和字符串之间有很多相似的运算。

3. 增强赋值运算符

语句 x += 2 和 x = x + 2 完全相同,但是语句更短。

运算符+=被称为增强赋值运算符。表 4-4 列出了 4 个增强赋值运算符及其等效的写法。

表 4-4　增强赋值运算符

增强赋值运算符	等效的写法
x += 42	x = x + 42
x−= 42	x = x−42
x *= 42	x = x * 42
x /= 42	x = x / 42

4.3.3　连接函数 join()

连接函数 join()接受一个字符串元素构成的列表,并返回一个拼接后的字符串。

join()语法：

```
<字符串>.join(<列表>)
```

参数说明。

❑　<字符串>会被放在<列表>的元素之间，分隔元素。

实例 e4.21join.py

```
1    eggs = ['dog', 'cat', 'goose']
2    s1 = ''.join(eggs)  #空字符串
3    s2 = ' '.join(eggs)  #含一个空格字符
4    s3 = '---'.join(eggs)  #含3个横线字符
5    print(s1)
6    print(s2)
7    print(s3)
```

运行结果：

```
dogcatgoose
dog cat goose
dog---cat---goose
```

4.3.4　math 库

math 库是 Python 标准库，提供内置的数学类函数。由于复数类型常用于科学计算，一般计算并不常用，因此 math 库不支持复数类型，仅支持整数和浮点数运算。math 库一共提供了 4 个数学常数和 44 个函数，包括数值表示函数、对数函数、三角对数函数和高等特殊函数。

我们在学习过程中需要记住几个常用的函数。

math 库中的函数不能直接使用，需要先使用 import 导入，代码如下：

```
import math
```

下面介绍 3 个 math 库函数。

❑　math.ceil(x)：x 向上取整，返回不小于 x 的最小整数。

❑　math.floor(x)：x 向下取整，返回不大于 x 的最大整数。

❑　math.fabs(x)：返回 x 的绝对值。

实例 e4.22math.py

```
1    import math
2    print(math.ceil(6.2))
3    print(math.floor(6.8))
4    print(math.fabs(-5.5))
```

运行结果：

```
7
6
5.5
```

4.3.5 换位解密算法

根据表 4-2 中换位加密法的手工方法，可以发现换位加密其实是一个行列互换的过程，如果要解密，只需要再次行列互换。

下面探究一下解密过程。

（1）确定行数。有密钥才能解密，这个密文的密钥是 8，那么行数就是 8。

（2）计算列数。加密后的密文有 46 个字，按照密钥数字 8，把 46 除以 8，得到一个浮点数，可以使用向上取整函数 math.ceil(x)，得到数字 6，那么列数就是 6。

（3）确定灰格子数。设计 8 行 6 列的格子，填满需要 48 个字，实际只有 46 个字，那么差值是 2。把最后一列的最后两个格子涂成灰色，表示没有文字。

（4）将密文写入格子，每个格子写入一个字符，得到表 4-5，把行和列的序号也标出来。

表 4-5　解密的手工方法与索引规律

	0	1	2	3	4	5
0	这	忽	的	天	黄	海
1	时	然	图	空	的	边
2	候	闪	画	中	圆	的
3	，	出	来	挂	月	沙
4	我	一	：	着	，	地
5	的	幅	深	一	下	。
6	脑	神	蓝	轮	面	
7	里	异	的	金	是	

（5）先从上到下，再从左到右，一列一列地读取文字，得到明文。

下面是解密的源程序。

实例 e4.23decrypt.py

```
1    import math
2    message = '这忽的天黄海时然图空的边候闪画中圆的，出来挂月沙我一：着，地的幅深一下。脑神蓝轮
3    面里异的金是'
4    key = 8
5    times = math.ceil(len(message) / key)  # times=6
6    ShadedBoxes = (times * key) - len(message)  #灰格子数2
7    plaintext = [''] * times
8    col = 0
9    row = 0
10   for symbol in message:
11       plaintext[col] += symbol
12       col += 1    #指向下一列
13       if (col == times) or (col == times -1 and row >= key-ShadedBoxes):
14           col = 0
15           row += 1
16   text = ''.join(plaintext)
17   print(text)
```

运行结果：

这时候，我的脑里忽然闪出一幅神异的图画来：深蓝的天空中挂着一轮金黄的圆月，下面是海边的沙地。

解释如下。

（1）第 7 行代码结束后，列表 plaintext 的内容：['', '', '', '', '', '']。

（2）第 15 行代码结束后，列表 plaintext 的内容：['这时候，我的脑里', '忽然闪出一幅神异', '的图画来：深蓝的', '天空中挂着一轮金', '黄的圆月，下面是', '海边的沙地。']。

4.3.6　程序背后的故事——加密算法

古代也有很多加密算法，主要用在军事中。凯撒加密法只适用于字母，换位加密法适用于汉字和其他文字。

我国历史上最早关于加密算法的记载出自周朝兵书《六韬·龙韬》中的《阴符》和《阴书》。阴符符号法无法表达丰富的含义，只能表述最关键的 8 种含义。阴书作为阴符的补充，运用文字拆分法把 1 份文字拆成 3 份，由 3 种渠道发送给目标方。敌人只有同时截获 3 份内容才可能破解阴书上写的内容。

西方国家也有类似的加密算法。公元前 5 世纪，希腊城邦和波斯帝国发生多次冲突和战争。希腊城邦用来传输军事信息的每段文字都有固定的字数，解密者手中有一份文字移位说明，拿到密文后，根据文字移位说明进行解密，从而破解其中的信息。

古代的加密算法本质上是对语言阅读模式做改变。

直到 20 世纪，加密算法的重心才转移到了应用数学上。

加密算法需要符合 3 点要求：机密性、完整性和可用性。

今天的加密算法不再单纯服务于军事，也已经普及到了我们的生活中。也许你不会主动使用加密产品，但是计算机网络传输数据都使用了加密协议，人类已经被动享受了加密算法带来的隐私保护及通信安全的便利。我国于 2006 年公布了无线局域网产品使用的密码算法，这是我国第一次公布商用密码算法。

> **动手试一试**
>
> 4-5 请尝试改变换位的规则，设计一个加密算法来加密一段文字。
>
> 4-6 请按照你设计的加密算法，再做一个解密算法，看看解密的效果如何。

4.4　相关知识阅读

4.4.1　序列类型

Python 的序列类型有字符串、列表和元组，如图 4-2 所示。

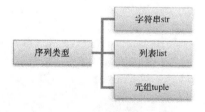

图4-2　序列类型

序列类型的元素之间存在先后关系，可以通过索引访问指定位置的元素。

4.4.2 元组

有些情况下，你可能不希望列表被修改，那么有没有一种不可改变的列表呢？元组（tuple）就是这样的数据类型。

元组，就是不可修改的列表。

我们可以这样来建立元组：

```
my_tuple = ("red", "green", "blue")
```

这里使用了圆括号，而不是列表的中括号。

由于元组是不可改变的，所以不能对元组排序，也不能追加和删除元素。

元组一旦创建，它就会一直保持不变。

4.5 你学到了什么

在本章中，你学到了以下内容：range()计数函数、循环嵌套、模拟评委打分、随机数与计算机模拟、列表、向列表增加元素、从列表删除元素、循环处理一个列表、判断某个值是否在列表中、列表排序、递置、增强赋值运算符、列表的副本、列表的常用运算符、换位加密算法及解密算法、连接函数 join()、元组。

第 5 章
程序也会搭积木

随着实现的功能越来越复杂，程序会变得越来越庞大，需要一些方法把它们分解成较小的部分，这样易于编写和阅读。分解程序的主要方法是函数和模块。

函数是一段具有特定功能、可重用的代码块。函数能够完成特定的功能，像一个黑匣子，使用者无须了解内部细节，只需要知道函数的功能和如何调用它。

函数可以理解为对一组特定功能表达式的封装，能够接收变量并输出结果。input()、print()、eval()都是 Python 的内置函数。

函数使我们可以像搭积木一样搭建程序。

5.1 绘制小花朵

如果想绘制 6 朵小花，可以试试下面的程序，其中调用了一个叫 turtle 的库。

实例 e5.1flowers.py

```
1    import turtle
2    def  huax(x1,y1,z):
3       '''绘制小花朵,坐标(x,y),半径z'''
4       turtle.color("red")
5       turtle.up() #画笔抬起
6       turtle.goto(x, y) #移动到坐标(x,y)
7       turtle.down() #画笔落下
8       turtle.begin_fill()    #填充颜色开始
```

```
9       turtle.fd(2.5*z)   # 开始画第一朵花瓣的起始线条
10      turtle.circle(z, 231)   #画一个圆弧，半径z，转角231
11      for i in range(6):
12          turtle.right(180)
13          turtle.circle(z, 231)
14      turtle.end_fill()   #花瓣完成
15      turtle.fd(2*z)
16      turtle.color("yellow")
17      turtle.dot(2.5*z)   #中间圆
18  for i in range(1,5):
19      for j in range(1,i):
20          huax((2*i-j)*100-500,j*100-150,20)
21  turtle.done()
```

运行结果如图 5-1 所示，绘制了 6 朵红色的小花。

图5-1　绘制6朵小花

要理解这个程序，就要学习函数的编写方法和调用方法。

5.1.1　程序背后的故事——Python 标准库

Python 的标准库是在安装软件时默认自带的。

标准库包括核心语言的数据类型、内置函数和功能模块。在使用标准库前，需使用 import 语句进行导入。本书用到的 math 库、time 库、turtle 库和 pickle 库，都需要使用 import 导入方可使用。

标准库提供的组件数量非常庞大，涉及范围十分广泛，主要分为核心模块、标准模块、线程和进程模块、数据表示模块、文件格式模块、邮件和新闻消息处理模块、网络协议模块、国际化模块、多媒体相关模块、数据储存模块、工具和实用程序模块、执行支持模块和其他模块。

5.1.2　turtle 绘图库

turtle 库是 Python 标准库之一，是入门级的图形绘制函数库。

turtle 绘图原理好比一只海龟在窗体正中心，它开始在画布上游走，将其经过的轨迹绘制下来。海龟由程序控制，可以变换线条颜色，改变线条宽度和行走方向等。

turtle 绘图窗体的最小单位是像素。

turtle 的空间坐标体系有两种，分别为绝对坐标和海龟坐标。

（1）绝对坐标。以屏幕为坐标系，中心位置为（0,0），如图 5-2 所示。可以调用函数 goto（x,y），使海龟从当前位置走到新的坐标（x,y）。

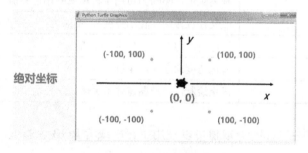

图5-2　turtle绝对坐标体系

（2）海龟坐标。以海龟本身为中心，海龟是坐标系原点(0,0)，如图 5-3 所示。海龟坐标在转向操作上很方便，例如调用函数 right(45)让海龟向右转 45 度，调用函数 forword(200)让海龟前行 200 像素的距离。

图5-3　turtle海龟坐标体系

turtle 库的常用函数如表 5-1 所示。

表 5-1 turtle 库的常用函数

函数	说明
setup(width,height,x,y)	设置窗体的位置和大小。坐标原点默认在窗口的中心，窗口的宽度 width，高度 height，起始点的坐标(x,y)
goto(x,y)	绝对坐标，将画笔移动到坐标为(x,y)的位置
forword(d) 别名 fd(d)	海龟坐标，指沿着海龟的方向运行，d 为行进距离，可以为负数
backward(d) 别名 bk(d)	海龟坐标，指沿着海龟的反方向运行
circle(r,angle)	画圆，根据半径 r 绘制一个 angle 角度的弧度。半径为正（负），表示圆心在画笔的左边（右边）画圆
penup() 别名 pu()	画笔抬起，不绘制图形
pendown() 别名 pd()	画笔落下，留下痕迹，绘制图形
pensize(w) 别名 width(w)	画笔宽度，w 为像素
pencolor(color)	画笔颜色，color 为可用字符串或 RGB 色彩值
seth(a)	改变行进方向（转动角度），不前进。a 是绝对坐标的绝对角度
right(a) 别名 rt(a)	海龟角度向右转动角度 a（顺时针）
left(a) 别名 lt(a)	海龟角度向左转动角度 a（逆时针）
done()	停止绘制，但绘图窗体不关闭。一般是绘图的最后一个语句

在表 5-1 中，颜色（color）取值可以使用字符串或者 RGB 色彩值。

按照 RGB 色彩体系，RGB 三色的色彩取值范围都是 0~255，初学者不易掌握，建议直接使用字符串，即颜色的英文名称。例如，white（白色）、yellow（黄色）、magenta（洋红）、cyan（青色）、blue（蓝色）、black（黑色）、seashell（海贝色）、gold（金色）、pink（粉红色）、brown（棕色）、tomato（番茄色）等。

5.1.3 调用函数绘制小花朵

调用表 5-1 中的 turtle 库函数，绘制小花朵。

实例 e5.2DrawFlower.py

```
1    import turtle
2    turtle.color("red")
3    turtle.begin_fill()#填充颜色开始
```

```
4     turtle.fd(2.5*20)#开始画第一朵花瓣的起始线条
5     turtle.circle(20,231)#画一个圆弧，半径20，转角231
6     for i in range(6):
7         turtle.right(180)
8         turtle.circle(20,231)
9     turtle.end_fill()#填充颜色结束，花瓣完成
10    turtle.fd(2*20)
11    turtle.color("yellow")
12    turtle.dot(2.5*20)  #中间圆
13    turtle.done()  #绘图结束，画面停留
```

运行结果如图 5-4 所示。

图5-4 绘制小花朵

5.1.4 定义函数与调用函数

实例 e5.2DrawFlower.py 中有 13 行代码，运行后只能绘制一朵小花。如果我们需要绘制很多朵花，有什么好办法吗？

答案是使用函数。

在实际编程中，一般将特定功能的代码编写在一个函数中，便于阅读和复用。我们可以将函数理解为对一组特定功能表达式的封装，与数学函数类似，它能够接收变量并输出结果。

在使用函数时，我们可以提供不同的数据作为输入，以实现对不同数据的处理。函数执行后，还可以反馈相应的处理结果。

下面修改程序 e5.2DrawFlower.py，加入函数的定义。定义函数 astar()，功能是在屏幕上绘制一朵花。

实例 e5.3DrawFlower.py

```
1     import turtle
2     def astar():
3         ''''绘制小花朵'''
```

```
4       turtle.color("red")
5       turtle.begin_fill()    #填充颜色开始
6       turtle.fd(2.5*20)    #开始画第一朵花瓣的起始线条
7       turtle.circle(20, 231)    #画一个圆弧，半径20，转角231
8       for i in range(6):
9           turtle.right(180)
10          turtle.circle(20, 231)
11      turtle.end_fill()    #填充颜色结束，花瓣完成
12      turtle.fd(2*20)
13      turtle.color("yellow")
14      turtle.dot(2.5*20)    #中间圆
```

1. 定义函数

Python 使用 def 保留字定义一个函数。

函数语法：

```
def <函数名称>(<参数列表>):
    <函数注释>
    <函数体>
    return <返回值列表>
```

函数定义的规则如下。

（1）函数以 def 保留字开头，后接函数名称、圆括号和冒号。

（2）任何传入的参数必须放在圆括号中。

（3）def 的下一行开始，代码缩进 4 个空格，直到函数结束。

（4）def 的下一行建议写函数注释，注释用 3 个单引号或双引号，例如'''绘制小花朵'''。

（5）return <返回值列表> 结束函数，返回一个或多个值给调用程序。不带表达式的 return 相当于返回空值（None）。

在实例 e5.3DrawFlower.py 中，函数 astar ()不需要任何参数就能完成其工作，因此括号中没有任何参数。紧跟在冒号后面的代码全部缩进构成了函数体。函数注释描述了函数的功能。

2. 调用函数

定义完函数后，就可以反复调用它。调用函数是指运行函数中的代码，有时含有参数，有时什么也没有。

如果我们定义了一个函数却不调用它，那么函数中的代码就永远不会被执行。

我们给实例 e5.3DrawFlower.py 添加 2 行代码如下。

实例 e5.3DrawFlower.py

```
15    astar() #调用函数
16    turtle.done()  #绘图结束，画面停留
```

运行结果如图 5-4 所示，和之前相同，画出了一朵花。

将这 2 行代码修改为 5 行代码，更新后的程序如下。

实例 e5.3DrawFlower.py

```
17    turtle.goto(-30,80)      #将画笔移动到坐标位置
18    astar()     #调用函数
19    turtle.goto(130,60)     #将画笔移动到坐标位置
20    astar()      #调用函数
21    turtle.done()  #绘图结束，画面停留
```

运行结果如图 5-5 所示，绘制出两朵花，但却留下了落笔轨迹。

图5-5　调用函数绘制两朵花

函数 astar()的括号里没有任何参数，也没有返回（return）任何数据，只是执行绘图的任务。下面我们把小花朵的坐标作为函数的参数，以便让函数听话地改变绘画位置。

5.1.5　函数的参数传递

继续完善函数 astar()，在函数的参数中加入小花朵的坐标（x,y）和花瓣半径（z），程序中加入落笔轨迹的控制。重新定义的函数命名为 bstar()。

实例 e5.4DrawFlower2.py

```
1     import turtle
2     def bstar(x,y,z):
3         '''绘制小花朵,坐标(x,y),半径z'''
4         turtle.color("red")
```

```
5        turtle.up()  #画笔抬起
6        turtle.goto(x, y)  #移动到坐标(x,y)
7        turtle.down()  #画笔落下
8        turtle.begin_fill()  #填充颜色开始
9        turtle.fd(2.5 * z)  #开始画第一朵花瓣的起始线条
10       turtle.circle(z, 231)  #画一个圆弧，半径z，转角231
11       for i in range(6):
12           turtle.right(180)
13           turtle.circle(z, 231)
14       turtle.end_fill()  #填充颜色结束，花瓣完成
15       turtle.fd(2 * z)
16       turtle.color("yellow")
17       turtle.dot(2.5 * z)  #中间圆
18   bstar(-80,80,20)
19   bstar(150,60,25)
20   turtle.done()  #绘图结束，画面停留
```

绘图结束，绘制出两朵花，一大一小，且没有多余的落笔轨迹。

下面再介绍几款绘图。

5.1.6　蟒蛇绘制

使用函数主要有两个目的：降低编程难度、减少重用代码。

函数是一种功能抽象，利用它可以将一个复杂的大问题分解成一系列简单的小问题。图 5-6 所示的蟒蛇绘制是利用多个圆弧和线段来构图。使用 turtle 绘图库的函数可以绘制任意弧度的圆弧。

图5-6　蟒蛇绘制

下面用 3 种方案来实现蟒蛇绘制。

第一种方案和第二种方案都没有定义函数，但是 import 的导入方式不一样，可以观察到 turtle 库函数的调用方式是不同的。第三种方案是定义了函数，使程序更易阅读。

方案 1：没有定义函数，import turtle。

实例 e5.5DrawPython.py

```
1    import turtle
2    turtle.fd(-250)  #画直线
3    turtle.pensize(25)  #运行轨迹宽度
```

```
4      turtle.seth(-40)  #绘制方向为绝对坐标-40度
5      for i in range(4):
6          turtle.pencolor("purple")  #紫色
7          turtle.circle(40, 80)  #画圆弧,半径40,角度80的弧度,圆心在画笔的左边
8          turtle.pencolor("green")  #绿色
9          turtle.circle(-40, 80)  #同上,圆心在画笔的右边
10     turtle.circle(40, 80/2)
11     turtle.fd(40)
12     turtle.circle(16, 180)
13     turtle.fd(40 * 2/3)
14     turtle.done()
```

方案 2：没有定义函数，from turtle import *。

实例 e5.6DrawPython2.py

```
1      from turtle import *
2      fd(-250)
3      pensize(25)
4      seth(-40)
5      for i in range(4):
6          pencolor("purple")
7          circle(40, 80)
8          pencolor("green")
9          circle(-40, 80)
10     circle(40, 80/2)
11     fd(40)
12     circle(16, 180)
13     fd(40 * 2/3)
14     done()
```

方案 3：定义函数，更易于阅读。

实例 e5.7DrawPython3.py

```
1      from turtle import *
2      def drawSnake():
3          seth(-40)
4          for i in range(4):
5              pencolor("purple")
6              circle(40, 80)
7              pencolor("green")
8              circle(-40, 80)
9          circle(40, 80 / 2)
10         fd(40)
11         circle(16, 180)
```

```
12          fd(40 * 2 / 3)
13      def main():
14          fd(-250)
15          pensize(25)
16          drawSnake()
17          done()
18      main()
```

执行 main() 函数初始化画笔位置和大小，然后调用 drawSnake() 函数。蟒蛇绘制由 drawSnake() 函数完成。

动手试一试

5-1 使用 turtle 库绘制 3 条边，效果如图 5-7（a）所示。

5-2 使用 turtle 库的 fd() 函数和 seth() 函数绘制等边三角形，效果如图 5-7（b）所示。

5-3 使用 turtle 库的 fd() 函数和 seth() 函数绘制叠加等边三角形，效果如图 5-7（c）所示。

5-4 使用 turtle 库绘制正方形螺旋线，效果如图 5-7（d）所示。

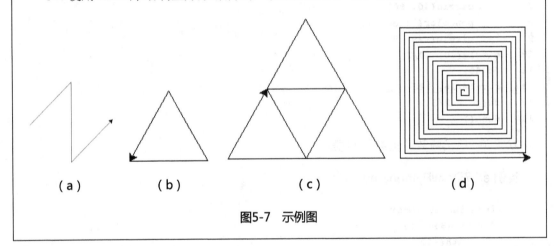

（a）　　　　（b）　　　　　　（c）　　　　　　　　（d）

图5-7　示例图

5.2　向列表中的每个人发出问候

每次在调用函数时，我们都向函数传入了不同的数据，参数传递使得函数调用更加灵活。

例如实例 e5.4DrawFlower2.py 中 bstar(x,y,z)函数的参数表示小花朵的坐标（x,y）和画线长度（z），因此函数的调用语句是 bstar(-80,80,200)，传入的参数确定了绘制的位置坐标（-80,80）和画线长度（200）。

5.2.1 传递一个列表作为参数

当要传递任意长度的数据给函数时，一个比较好的办法是使用列表。向函数传递列表会比较有趣，因为列表包含的可能是名字、数字或更复杂的对象。

假设有一个用户列表，我们要问候每一位用户。

实例 e5.8greet_users.py

```
1    def gusers(names):
2        '''向列表中的每位用户都发出简单的问候'''
3        for name in names:
4            msg = "你好, " + name.title() + "，欢迎光临！"
5            print(msg)
6    usernames = ['小燕','昭文','梓桓','宏泰','文龙','林江']
7    gusers(usernames)
```

运行结果：

```
你好，小燕，欢迎光临！
你好，昭文，欢迎光临！
你好，梓桓，欢迎光临！
你好，宏泰，欢迎光临！
你好，文龙，欢迎光临！
你好，林江，欢迎光临！
```

gusers()的参数为一个列表。

主程序中定义了一个用户列表 usernames，然后调用函数 gusers()，并将 usernames 传递给它。

输出完全符合预期，每位用户都有一条个性化的问候语。

不定长参数

如果不能确定函数的参数数量，则称之为不定长参数。用星号（*）的变量名表示所有未命名的参数。上述案例可修改为不定长参数，代码如下：

实例 e5.8greet_users2.py

```
1    def gusers(*names):
2        '''向列表中的每位用户都发出简单的问候'''
3        for name in names:
4            msg = "你好，" + name.title() + "，欢迎光临！"
5            print(msg)
6    gusers('小燕','昭文','梓桓','宏泰','文龙','林江')
```

运行结果与上一案例相同。

5.2.2　参数的默认值

在定义函数时，有些参数存在默认值。当函数被调用时，如果没有传入对应的参数值，则使用函数定义时的默认值作为替代。

例如输出（$n \times n$）乘法表，当 n 不在 1～9 的范围或者没有给参数时，默认参数为 9，输出九九乘法表。

实例 e5.9print99.py

```
1    def cheng(n=9):
2        if n>9 or n <1:
3            n=9
4        for i in range(1,n+1):
5            for j in range(1, n+1):
6                if j <= i:
7                    print("{}*{}={}".format(i,j,i*j), end=' ')
8            print()
9    cheng(5)
10   cheng(12)    #参数不在1～9范围
11   cheng()      #没有给参数，会被默认值替代
```

运行结果是输出一个 5×5 乘法表和两个九九乘法表。

函数调用时需要按顺序输入参数，如果一个函数有多个参数，建议将有默认值的参数放在后面。

5.2.3 有返回值的函数

有返回值的函数要用 return 语句。

return 语句的功能如下。

（1）用于退出函数。

（2）同时返回函数运算后的一个或多个结果。

1. return 返回一个值

我们可以定义函数来判断一个字符串中的字符是否都是数字，并将字符串作为函数的参数。

实例 e5.10pdnum.py

```
1    def isNum(s):
2        for i in s:
3            if i in "1234567890":
4                continue
5            else:
6                return("{} 不是数字".format(s))
7        else:
8            return("{} 是数字".format(s))
9    astr = isNum("2019")
10   bstr = isNum("sz2019")
11   print(astr)
12   print(bstr)
```

运行结果：

```
2019是数字
sz2019不是数字
```

用 return 传回函数的返回值。主程序把返回值赋值给了变量，并输出变量值。

2. return 返回多个值

计算并输出长方形的面积和周长。

实例 e5.11rect.py

```
1    def rect(a,b):
2        area=a*b
```

```
3           perimeter=2*(a+b)
4           return area,perimeter
5    n=1
6    s,p=rect(5,10)
7    print("面积",s)
8    print("周长",p)
```

运行结果：

```
面积50
周长30
```

调用一次函数，返回了 2 个数据。

5.2.4　全局变量和局部变量

一个程序中的变量包括全局变量和局部变量。

全局变量在函数外定义，定义时一般没有缩进，在程序运行的全过程有效。例如，实例 e5.11rect.py 的第 5 行代码中的变量 n 就是全局变量。

局部变量是指在函数内部使用的变量，仅在函数内部有效，当函数结束时，变量将不存在。例如实例 e5.11rect.py 的函数中的变量 area 和 perimeter。

在函数代码块中使用全局变量时，需要额外注意一些问题。

看看下面的程序，输出的 n 为多少？为什么？

实例 e5.12global.py

```
1    def func(a,b):
2        n=a+b
3    n=1
4    func(3,4)
5    print("n={}".format(n))
```

运行结果：

```
n=1
```

如果希望 n 为 7（3+4=7），该怎么办？

global 让函数使用全局变量

在函数 func() 中，如果想调用函数外面的全局变量 n，需要使用关键字 global 显式声明该变量是全局变量。

实例 e5.12global.py

```
1   def func2(a,b):
2       global n    #显式声明n是全局变量
3       n=a+b
4   n=1
5   func2(3,4)
6   print("n={}".format(n))
```

运行结果：

```
n=7
```

这样就可以使 n 为 7 了。注意，第 2 行代码很关键。

动手试一试

5-5 选择一本你喜欢的图书，编写一个名为 favorite_book() 的函数，其中包含一个书名为 title 的参数，用函数输出一条包含书名的消息。调用这个函数，并将图书的名称作为参数传递给函数。

5-6 选择你喜欢的城市，编写一个名为 city_country() 的函数，它包含城市的名称及所属的国家，函数应返回一个包含这两项信息的字符串。请至少调用这个函数 3 次，并输出它返回的值。

5-7 选择你喜欢的音乐专辑，编写一个名为 music_album() 的函数，创建一个描述音乐专辑的字符串。这个函数应包含歌手的名字、专辑名和发行地区，返回一个包含这些信息的字符串。

5.3 绘制科赫雪花

自然界有很多形状规则，且符合一定的数学规律的物体，例如雪花。雪花的形状极多，而且十分美丽。如果把雪花放在放大镜下，可以发现每片雪花都是一幅极其精美的图案，连艺术家都赞叹不止。但是，各种各样的雪花形状是怎样形成的呢？雪花大多是六角形的，属于六方晶系，且具有分形图特征。

分形图是具有自相似特性的图形，将一个基本图形按照一定规律重复地进行绘制，就可以得到分形图。

5.3.1　绘制科赫雪花

科赫（Koch）曲线是经典的数学曲线之一，由瑞典数学家科赫提出，由于其形状类似雪花，也被称为雪花曲线。科赫曲线由多条直线绘制而成，在给定初始图形后，科赫曲线可以生成很多漂亮的图形，如图 5-8 所示。

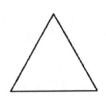   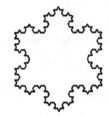

图5-8　分形曲线

下面我们编写程序来模拟雪花。

（1）任意画一个等边三角形，并把每一边三等分。

（2）取三等分后的一边中间一段为边，向外作等边三角形，并把中间一段擦掉。

（3）重复上述两步，画出更小的三角形。

实例 e5.13snow.py

```
1    from turtle import *
2    def drawhua(t,a):
3        if t == 1:
4            forward(a)
5            return
6        drawhua(t-1,a/3)
7        right(60)
8        drawhua(t-1,a/3)
9        left(120)
10       drawhua(t-1,a/3)
11       right(60)
12       drawhua(t-1,a/3)
13   def main():
14       mode('logo')
15       speed(0)
16       pensize(2)
17       up()
```

```
18          goto(-130,-85)
19          seth(90)
20          down()
21          for i in range(3):
22              drawhua(4,300)
23              left(120)
24      main()
25      done()
```

运行结果如图 5-9 所示。

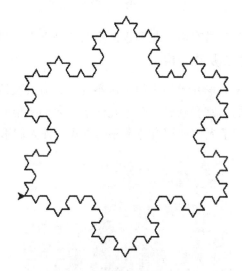

图5-9 绘制一朵科赫雪花

n 阶科赫曲线的绘制相当于在画笔前进方向的 0 度、向右 60 度和向左 120 度分别绘制 *n*−1 阶曲线。

5.3.2 程序背后的故事——分形几何学

分形几何学是数学的一个分支。分形以自相似结构为基础,通过无限递归的方式展示复杂表面下的内在数学秩序。图 5-10 中列举了一些形状简单的分形图。

来自大自然中的分形图更加有趣。

流体运动是自然界中的普遍现象,小至静室中缭绕的轻烟,大至木星大气中的涡流,都是十分紊乱的流体运动。流体运动在大、中、小、微等多尺度上的旋涡具有自相似层次结构。

图5-10　形状规整的分形图

一块磁铁中的每一部分都具有南、北两极，不断分割下去，每一部分都具有和整体磁铁相同的磁场。这也是自相似层次结构。

计算机协助人们推开了分形几何的大门。这座具有无穷层次结构的宏伟建筑，每一个角落里都存在着无限嵌套的迷宫和回廊。分形几何学让人们感悟到科学与艺术的融合，数学与艺术审美的统一，改变了人们理解自然奥秘的方式，使人们重新审视这个世界。

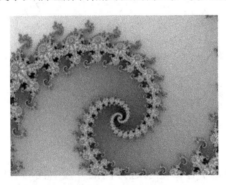

科赫雪花程序包含了一个特殊的函数——递归函数。

5.3.3　递归函数

作为一种代码封装，函数可以被其他程序调用，也可以被函数内部代码调用。这种函数定义中调用函数自身的方式称为递归。就像一个人站在装满镜子的房间中，看到的影像就是递归的结果。递归在数学和计算机中应用非常广泛，能够非常简洁地解决某些重要问题。

一般来说，递归需要有边界条件。当条件不满足时，递归继续；当条件满足时，递归结束。

数学上有一个经典的递归例子叫作阶乘，阶乘通常定义如下：

$$n!=1\times2\times3\times\cdots\times n$$

用函数 $fact(n)$ 表示为：

$$fact(n)=1×2×3×\cdots×(n-1)×n=(n-1)!×n=fact(n-1)×n$$

可以看出，$fact(n)$ 可以用数学表示为 $fact(n-1)×n$。

$$fact(n) = \begin{cases} 1 & , \ n = 0 \\ n × fact(n-1) & , \ n > 0 \end{cases}$$

这个定义说明 0 的阶乘结果为 1。

递归不是循环，因为每次递归都会计算比它更小数的阶乘。

下面用程序来表达，把阶乘定义为一个函数，将函数命名为 fact()，该函数使用递归。用整数 10 来测试用例。

实例 e5.14recursive.py

```
1    def fact(n):
2        if n==0:
3            return 1
4        return  n * fact(n - 1)
5    print(fact(10))
```

运行结果：

```
3628800
```

（1）递归与循环。

理论上，所有的递归函数实现的功能都可以用循环来实现，但循环的逻辑不如递归清晰。

（2）递归的次数。

递归的次数不宜过多。在计算机中，函数调用是通过栈这种数据结构来实现的，每当进入一个函数调用，栈就会加一层栈帧；每当函数返回，栈就会减一层栈帧。栈的大小不是无限的，例如递归 1000 次，有的计算机就会报错：栈溢出。

综上，递归函数的优点是逻辑简单清晰，缺点是过深地递归调用会导致栈溢出。

5.3.4 绘制分型树

下面用递归函数绘制一株分型树，绘制结果如图 5-11 所示。

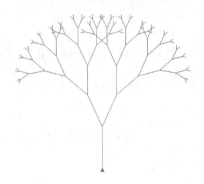

图5-11　一株分型树

实例 e5.15tree.py

```
1   # 绘制分型树，末梢的树枝的颜色不同
2   import turtle
3   def draw_brach(brach_length):
4       if brach_length > 5:
5           if brach_length < 40:
6               turtle.color('green')
7           else:
8               turtle.color('red')
9           # 绘制右侧的树枝
10          turtle.forward(brach_length)
11          print('向前',brach_length)
12          turtle.right(25)
13          print('右转25')
14          draw_brach(brach_length-15)
15          # 绘制左侧的树枝
16          turtle.left(50)
17          print('左转50')
18          draw_brach(brach_length-15)
19          if brach_length < 40:
20              turtle.color('green')
21          else:
22              turtle.color('red')
23          # 返回之前的树枝上
24          turtle.right(25)
25          print('右转25')
```

```
26              turtle.backward(brach_length)
27              print('返回',brach_length)
28  def main():
29      turtle.width(5)
30      turtle.left(90)
31      turtle.penup()
32      turtle.backward(150)
33      turtle.pendown()
34      turtle.color('red')
35      draw_brach(100)
36      turtle.exitonclick()
37  main()
```

动手试一试

5-8 修改科赫曲线实例代码，改变绘制的速度，改变科赫曲线为反向绘制，并修改科赫曲线的绘制颜色。

5-9 请用递归函数来计算 $1+2+\cdots+n$。

5-10 修改实例 e5.15tree.py，增加分型树的分支，修改分型树的颜色。

5.4 程序模块化

函数的优点之一是函数可以和主程序分离。我们还可以更进一步，将函数存储到被称为模块（库）的独立文件中。

5.4.1 制作模块文件

在实例 e5.4DrawFlower2.py 中，函数 bstar() 的参数包括坐标（x,y）和花瓣半径（z）。

我们将程序的最后 3 行代码变成注释，该文件就只剩下了函数，没有主程序。保存上述文件的副本为 flower.py，那么文件 flower.py 就可以作为一个模块，等待着被其他程序来导入和调用。

实例 flower.py

```
1   import turtle
2   def bstar(x,y,z):
```

123

```
 3          '''绘制小花朵,坐标(x,y),半径z'''
 4          turtle.color("red")
 5          turtle.up()
 6          turtle.goto(x, y)
 7          turtle.down()
 8          turtle.begin_fill()
 9          turtle.fd(2.5 * z)
10          turtle.circle(z, 231)
11          for i in range(6):
12              turtle.right(180)
13              turtle.circle(z, 231)
14          turtle.end_fill()
15          turtle.fd(2 * z)
16          turtle.color("yellow")
17          turtle.dot(2.5 * z)
18      # bstar(-80,80,20)
19      # bstar(150,60,25)
20      # turtle.done()
```

自定义的模块文件 flower.py 与 Python 标准库的导入和使用方法是一样的，都使用 import，导入后即可在程序中调用。

5.4.2　导入模块文件

import 导入有如下两种方式。

1. 简单导入整个模块

`import<模块名>`

如果使用 import 语句导入整个模块，可以下面的语法来调用其中的函数：

`<模块名>.<函数名>(<参数列表>)`

实例 e5.16testzdy.py

```
1    import turtle
2    import flower #导入自定义的模块
3    flower.bstar(-80,80,20)
4    flower.bstar(150,60,25)
5    turtle.done()
```

2．导入模块中的特定函数

（1）导入模块中的特定函数，语法如下：

```
from <模块名> import <函数名>
```

（2）导入模块中的多个函数。利用逗号分隔函数名，语法如下：

```
from <模块名> import <函数名1>,<函数名2>,<函数名3>
```

（3）导入模块中的全部函数，语法如下：

```
from<模块名>import *
```

（4）调用导入的函数，语法如下：

```
<函数名>(<参数列表>)
```

实例 e5.17testzdy.py

```
1    import turtle
2    from flower import bstar  #导入函数bstar
3    bstar(-80,80,20)
4    bstar(150,60,25)
5    turtle.done()
```

我们将函数存储在模块文件中，可以方便地与其他程序员分享该函数。

5.5 相关知识阅读

5.5.1 匿名函数 lambda()

匿名函数使用 lambda 关键字：

```
lambda <参数列表>:<表达式>
```

匿名函数的简单句法限制 lambda()函数的定义只能使用纯表达式，不能有赋值语句，也不能使用 while 和 try 等语法结构。

lambda()函数有如下特性。

（1）匿名：通俗地说就是没有名字。

（2）有输入和输出：输入是传入<参数列表>的值，输出是根据<表达式>计算得到的值。

（3）功能简单：单行决定了 lambda()函数不可能完成复杂的逻辑，只能完成非常简单的功能。

5.5.2　将 lambda()函数赋值给一个变量

在实际应用中，可以直接将 lambda()函数赋值给一个变量。

下面来看两个例子。

1．求和

执行 addx = lambda x, y: x+y。

表达式 x+y 表示对参数 x 和 y 使用操作符"+"做运算，返回运算的结果。这样，变量 addx 便成为了具有加法功能的函数。

实例 e5.18lambda.py

```
1    addx=lambda x,y:x+y
2    a=[1, 2, 3, 4]
3    print(addx(a,a))
4    print(addx(5,8))
```

运行结果：

```
[1, 2, 3, 4, 1, 2, 3, 4]
13
```

2．提取元素

执行 findx=lambda x:x[1]。

表达式 x[1]表示把变量 x 当作要处理的数据对象，该数据对象应该拥有若干元素，取索引为 1 的元素。这样，变量 findx 便成为了具有取元素功能的函数。

实例 e5.19lambda2.py

```
1    findx=lambda x:x[1]
2    data1=["周五","12日"]
3    data2=["周六","13日"]
4    data3=["周日","14日"]
5    print(findx(data1))
6    print(findx(data2))
7    print(findx(data3))
```

运行结果：

```
12日
13日
14日
```

4.2.2 节介绍了列表排序函数 sort()语法：

```
<列表>.sort(key=None, reverse=False)
```

其中，参数 key 用于指定排序规则，默认值是 None。

如果<列表>的元素也是列表类型，那么元素排序就有多种做法。例如，按照每个元素的第 2 项内容排序：

```
<列表>.sort(key = lambda x:x[1])
```

5.6   你学到了什么

在本章中，你学到了以下内容：使用 turtle 绘图库，绘制小花朵，定义函数与调用函数，函数的参数传递，绘制一条小蟒蛇，用列表作为函数参数，不定长参数，定义参数的默认值，函数的返回值，绘制科赫雪花，绘制分型树，递归函数，匿名函数。

第**6**章

字典是个宝

在 Python 中，字典是一种"键-值"（key-value）映射类型，就像我们使用的汉语字典，每个汉字都对应一个注解。

本章的知识点是全书最难的部分，需要细细阅读，反复实践和思考。

6.1 字典

程序需要灵活的信息查找方式，例如在检索个人信息时，可以基于身份证进行查找。这种根据一个信息查找另一个信息的方式就构成了"键-值"对。一个键值对就是一种映射关系。

键值对的例子有很多，例如：

❑ 一个关于"联系人"的键值对，在其中存储姓名，及其年龄、地址、职业和你想要描述的其他方面信息。

❑ 一个关于"喜好"的键值对，在其中存储人物姓名及其喜好。

❑ 一个关于"山脉"的键值对，在其中存储山脉名称及其地理位置等信息。

字典由键值对组成，一个键值对称作字典的一个元素（item）。字典是 Python 语言唯一内置的映射类型。字典中的键必须是独一无二的，不能重复，但值可以重复。

6.1.1 创建字典

创建字典的语法如下：

```
<字典> = {<键1>: <值1>, <键2>: <值2>, ...}
```

字典中的键必须唯一。字符串和整数等都可以作为键。

创建字典的例子：

```
dict = {"a" : "apple", "b" : "banana", "g" : "grape", "o" : "orange"}
dict2 = {"中国" : "北京","美国" : "华盛顿","法国" : "巴黎" }
```

我们创建一个字典来存放世界文学十大名著的数据，将书名作为键，介绍性文字作为值，有以下两种方式。

1. 一次性完成字典的创建

实例 e6.1famousbook.py

```
1   #coding=utf-8
2   世界名著={
3       "战争与和平":"俄国，1812年，托尔斯泰",
4       "巴黎圣母院":"法国，雨果",
5       "童年":"苏联，高尔基",
6       "呼啸山庄":"英国，勃朗特",
7       "大卫  科波菲尔":"英国，狄更斯",
8       "红与黑":"法国，司汤达",
9       "悲惨世界":"法国，雨果",
10      "安娜  卡列尼娜":"俄国，托尔斯泰",
11      "约翰  克利斯朵夫":"法国，罗曼  罗兰",
12      "飘":"美国，玛格丽特  米切尔"}
13  print(世界名著)
```

运行结果：

```
{'战争与和平': '俄国，1812年，托尔斯泰', '巴黎圣母院': '法国，雨果', '童年': '苏联，高尔基',
'呼啸山庄': '英国，勃朗特', '大卫·科波菲尔': '英国，狄更斯', '红与黑': '法国，司汤达', '悲惨
世界': '法国，雨果', '安娜·卡列尼娜': '俄国，托尔斯泰', '约翰·克利斯朵夫': '法国，罗曼·罗兰',
'飘': '美国，玛格丽特·米切尔'}
```

2. 分步完成字典的创建

具体步骤如下。

（1）创建一个空字典，使用函数 dict() 或大括号{}。

```
世界名著= {}
```

这与创建空列表相似，但创建空列表使用的是方括号[]。

（2）添加一个元素。

列表中使用 append()，在字典中只需要指定新的键和值即可：

```
世界名著["飘"] = "美国，玛格丽特·米切尔"
```

这既适用于添加一个字典元素，也适用于修改一个字典元素。添加和修改字典元素的语法相同，格式如下：

```
<字典>[<键>]= <值>
```

（3）输出字典。

```
print(世界名著)
```

运行结果：

```
{"飘":"美国，玛格丽特·米切尔"}
```

（4）继续添加更多的元素，例如：

```
世界名著["战争与和平"] = "俄国，1812年，托尔斯泰"
```

（5）添加结束，查看整个字典。

```
print(世界名著)
```

（6）查找元素：

```
<字典>[键]
```

如果想查找《红与黑》的资料，可以这样做：

```
print(世界名著["红与黑"])
```

运行结果：

```
'法国，司汤达'
```

字典查数据的语法与列表类似，都是用中括号，但是列表的中括号里是索引：

<列表>[索引]

例如 list[0]、list[3:5]、list[-1]。

分步骤创建字典的完整程序如下。

实例 e6.2famousbook2.py

```
1    #coding=utf-8
2    世界名著={}
3    世界名著["飘"] = "美国，玛格丽特 米切尔"
4    世界名著["战争与和平"] = "俄国，1812年，托尔斯泰"
5    世界名著["巴黎圣母院"] = "法国，雨果"
6    世界名著["童年"] ="苏联，高尔基"
7    世界名著["呼啸山庄"] ="英国，勃朗特"
8    世界名著["大卫 科波菲尔"] ="英国，狄更斯"
9    世界名著["红与黑"] ="法国，司汤达"
10   世界名著["悲惨世界"] ="法国，雨果"
11   世界名著["安娜 卡列尼娜"] ="俄国，托尔斯泰"
12   世界名著["约翰 克利斯朵夫"] ="法国，罗曼 罗兰"
13   print(世界名著)
14   print(世界名著["红与黑"])
```

运行结果：

```
{'飘'：'美国，玛格丽特·米切尔', '战争与和平'：'俄国，1812年，托尔斯泰', '巴黎圣母院'：'法国，
雨果', '童年'：'苏联，高尔基', '呼啸山庄'：'英国，勃朗特', '大卫·科波菲尔'：'英国，狄更斯', '
红与黑'：'法国，司汤达', '悲惨世界'：'法国，雨果', '安娜·卡列尼娜'：'俄国，托尔斯泰', '约翰·
克利斯朵夫'：'法国，罗曼·罗兰'}
法国，司汤达
```

字典是无序的，先输入的数据不一定出现在前面。

6.1.2 删除字典

删除字典有两种情况：删除字典中的一个元素、删除字典的所有元素。

（1）通过键删除字典中的元素：

<字典>.pop(<键>)

或

del(<字典> [<键>])

（2）删除字典中的所有元素：

```
<字典>.clear()
```

或

```
del(<字典>)
```

下面是一个测试字典删除的例子。

实例 e6.3clear.py

```
1    enum={"1":"one","2":"two","3":"three"}
2    enum.pop("1")  #删除一个元素
3    del(enum["2"])  #删除一个元素
4    print(enum)
5    enum.clear() #清空字典
6    print(enum)
```

运行结果：

```
{'3': 'three'}
{}
```

6.1.3　字典背后——键值对与数据结构

字典是一种键值（key-value）映射类型，键值对实质上是一种映射关系，源于属性和值的映射关系，如图 6-1 所示。键必须唯一，值可以相同。

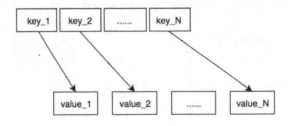

图6-1　键值对的映射关系

Python 字典采用散列表的方式存储数据。散列表是一个带索引和存储空间的表，它把键值映射到一个确定的存储位置，因此访问速度非常快。很多编程语言都有键值对存储技术，例如 Java 语言的 hash 表（哈希表，也称散列表）。字典的特别之处在于每个值都可以是任意的数据类型，很多编程语言（例如 Java）限制值的数据类型需保持相同。

字典是一种数据结构，数据结构是计算机存储和组织数据的方式。数据结构是指存在一种或多种特定关系的数据元素的集合。数据结构往往与高效的检索算法和索引技术有关，通常情况下，数据结构可以带来更高的运行和存储效率。常用的数据结构如图 6-2 所示。

图6-2 常用的数据结构

下面来看几个数据样本。

1. 一维数据

一维数据由对等关系的有序或无序数据构成，采用线性方式组织，对应数学中的数组和集合等概念。例如，中国、美国、日本、德国、法国、英国、意大利、加拿大、俄罗斯等一系列国家名称的组合，就是一维数据。

我们用列表来描述一维数据。

实例 e6.4data.py

```
1   num=[10, 52, 13, 48, 15]
2   week=['Monday','Tuesday','Wednesday','Thursday','Friday','Saturday','Sunday']
3   countries =['中国','美国','日本','德国','法国','英国','意大利','加拿大',
4              '俄罗斯','澳大利亚','南非','阿根廷','巴西','印度',
5              '印度尼西亚','墨西哥','沙特阿拉伯','土耳其','韩国']
```

2. 二维数据

二维及多维数据可以看作由一维数据的多次叠加产生。在表 6.1 中，每一个学生的数据可以看作一维数据，全部学生的数据叠加就是一组二维数据，指定第几行（学生姓名）和第几列（科目）就可以取出确定的数据。

如表 6-1 所示，学生成绩表是一组二维数据。

表 6-1 学生成绩表

姓名	语文	数学	英语
王静怡	98	78	79
刘世宇	76	68	86
吴浩伟	86	94	59
张小雨	49	76	94

列表和字典都可以用于描述二维数据。例如，我们用字典来描述，键存放学生的名字，值存放学生的 3 个科目成绩，代码如下：

实例 e6.5students.py

```
1    test={"王静怡":(98,78,79),
2          "刘世宇":(76,68,86),
3          "吴浩伟":(86,94,59),
4          "张小雨":(49,76,94)
5          }
```

3. 高级数据结构

为了满足一些特定需要，我们也可以对简单数据结构进行扩展，实现一些功能更为强大、具有更多操作的高级数据结构。以天气预报的数据为例，数据中包含昨天的天气、今天的天气，以及未来几天的天气预报。不同日期的天气数据项目不同，例如当天的天气数据特别包含了健康影响情况。

实例 e6.6weather.py

```
1    weather={
2        "data": {
3            "yesterday": {
4                "date": "15日星期日",
5                "high": "高温29℃",
6                "fx": "无持续风向",
7                "low": "低温25℃",
8                "fl": "<3级",
9                "type": "中雨"
10           },
11           "city": "深圳",
12           "aqi": "27",
13           "forecast": [{
14               "date": "16日星期一",
15               "high": "高温31℃",
16               "fengli": "<3级",
17               "low": "低温26℃",
18               "fengxiang": "无持续风向",
19               "type": "多云"
20           }, {
21               "date": "17日星期二",
```

```
22              "high": "高温33℃",
23              "fengli": "<3级",
24              "low": "低温27℃",
25              "fengxiang": "无持续风向",
26              "type": "雷阵雨"
27          }, {
28              "date": "18日星期三",
29              "high": "高温34℃",
30              "fengli": "<3级",
31              "low": "低温27℃",
32              "fengxiang": "无持续风向",
33              "type": "阵雨"
34          }, {
35              "date": "19日星期四",
36              "high": "高温34℃",
37              "fengli": "4-5级",
38              "low": "低温27℃",
39              "fengxiang": "东北风",
40              "type": "阵雨"
41          }, {
42              "date": "20日星期五",
43              "high": "高温34℃",
44              "fengli": "5-6级",
45              "low": "低温28℃",
46              "fengxiang": "东北风",
47              "type": "阵雨"
48          }],
49          "ganmao": "各项气象条件适宜，发生感冒概率较低。但请避免长期处于空调房间中，
        以防感冒。",
50          "wendu": "31"
51      },
52      "status": 1000,
53      "desc": "OK"
54  }
55  print(weather)
```

字典 weather 的元素"data"嵌套的"yesterday"是一维数据，嵌套的"forecast"是二维数据。可见，字典的键与值在表达数据时非常灵活。

6.1.4　遍历字典

字典的常用函数如表 6-2 所示。

表 6-2 字典的常用函数

函数	描述
len(dict)	字典元素个数
keys()	以列表返回一个字典中所有的键
values()	以列表返回一个字典中所有的值
items()	以列表返回一个字典可遍历的（键、值）构成的元组数组

一个 Python 字典可能包含数百万个键值对，那么如何查询和处理数据呢？

以简单地查询一个字典元素为例，语法如下：

`<字典>[<键>]`

对于复杂的查询，建议使用 for 循环。遍历一个字典有如下 4 种方式。

（1）遍历字典的所有键。

（2）遍历字典的所有值。

（3）遍历字典的所有元素。

（4）遍历字典的所有键值对。

表 6-3 所示是一份菜单的信息，我们将其设计为一个字典。

表 6-3 一份菜单

编号	菜名	单价
101	鱼香肉丝	38
102	红烧鲈鱼	48
201	红油鸡丝	36
203	芥末木耳	25

方案 1．遍历字典的所有键

实例 e6.7menu.py

```
1    #coding=utf-8
2    print("方案1遍历key值")
3    menu={"101":("鱼香肉丝",38),"102":("红烧鲈鱼",48),
4          "201":("红油鸡丝",36),"203":("芥末木耳",25),}
```

```
5    for key in menu:
6        print(key+':',menu[key])
7    for key in menu.keys():
8        print(key+':',menu[key])
```

第 5 行代码用于遍历字典 menu，第 7 行代码用于遍历字典的键 menu.keys()，可以看出两次遍历的运行结果相同：

```
方案1遍历key值
101: ('鱼香肉丝', 38)
102: ('红烧鲈鱼', 48)
201: ('红油鸡丝', 36)
203: ('芥末木耳', 25)
101: ('鱼香肉丝', 38)
102: ('红烧鲈鱼', 48)
201: ('红油鸡丝', 36)
203: ('芥末木耳', 25)
```

方案 2. 遍历字典的所有值

实例 e6.7menu.py

```
9     print("方案2遍历value值")
10    for value in menu.values():
11        print(value)
```

第 10 行代码用于遍历字典的值 menu. values ()。

运行结果：

```
方案2遍历value值
('鱼香肉丝', 38)
('红烧鲈鱼', 48)
('红油鸡丝', 36)
('芥末木耳', 25)
```

方案 3. 遍历字典的元素

实例 e6.7menu.py

```
12    print("方案3遍历字典的元素")
13    for kv in menu.items():
14        print(kv)
```

第 13 行代码用于遍历字典的元素 menu. items ()。

运行结果：

```
方案3遍历字典的元素
('101', ('鱼香肉丝', 38))
('102', ('红烧鲈鱼', 48))
('201', ('红油鸡丝', 36))
('203', ('芥末木耳', 25))
```

方案 4.　遍历字典的键值对

实例 e6.7menu.py

```
15    print("方案4遍历字典的元素,但是把健-值分开获取")
16    for key,value in menu.items():
17        print(key+':',value)
```

第 16 行代码用于遍历字典的元素 menu. items ()，但用了两个变量 key 和 value 来接收数据。

运行结果：

```
方案4遍历字典的元素,但是把健-值分开获取
101: ('鱼香肉丝', 38)
102: ('红烧鲈鱼', 48)
201: ('红油鸡丝', 36)
203: ('芥末木耳', 25)
```

上述代码呈现了 4 种遍历字典的方式，方案 1 中两次遍历的输出结果和方案 4 的输出结果相同。

6.1.5　排序问题

字典没有顺序的概念，字典的元素是无序的。

虽然字典没有顺序，但调用字典的 keys()函数可以得到键构成的列表。如果要将字典中的内容按照某种顺序显示出来，那么在获取键列表后，就可以对键进行排序，然后按照顺序显示字典内容。

以 2017 年全球 GDP 前十的国家为例，来说明如何解决字典的排序问题，如表 6-4 所示。

表 6-4　2017 年全球 GDP 前 10 的国家及数据

国家	GDP 数据（单位：亿美元）
美国	193621.3
加拿大	16403.9
意大利	19211.4
德国	36518.7
法国	25748.1
英国	25650.5
中国	122427.76
日本	48844.9
印度	24390.1
巴西	20809.2

表 6-4 中的数据用字典定义如下。

实例 e6.8gdp.py

```
1    #coding=utf-8
2    gdpdict={"美国":193621.3,
3            "加拿大":16403.9,
4            "意大利":19211.4,
5            "德国":36518.7,
6            "法国":25748.1,
7            "英国":25650.5,
8            "中国":122427.7,
9            "日本":48844.9,
10           "印度":24390.1,
11           "巴西":20809.2
12           }
```

下面按照国家名称或 GDP 数据进行排序。

1. 排序函数 sorted()

使用 Python 内置函数 sorted()对列表进行排序。Python 内置函数见附录 A，在程序直接调用即可，不需要定义。

sorted()语法：

```
sorted(obj, key=None , reverse=False)
```

参数说明。

❑　obj：可迭代对象（列表、元组或集合）。

❑　key：默认值是 None，用来指定进行比较的元素，只有一个参数。如果取自可迭代对象，那么可以指定对象中元素的一个字段。

❑　reverse：默认值是 False，表示升序（从小到大）。

❑　返回值：返回一个新的列表。

sorted()函数和 sort()函数的区别如下。

（1）内置函数 sorted()和列表排序函数 sort()功能相似，sorted()可以对列表、元组和集合进行排序操作，但 sort()只能对列表进行排序操作。

（2）sorted()不改变原列表，返回值是一个排序后的新列表。

（3）sort()直接修改原列表，没有返回值。

2．按国家名称排序

在获取键构成的列表后，我们就可以对键列表进行排序了，按照顺序显示字典内容。

实例 e6.8gdp.py

```
13    print("按照字典的键(国家)排序")
14    for key in sorted(gdpdict.keys()):
15        print(key, gdpdict [key])
```

运行结果：

```
按照字典的键(国家)排序
中国122427.7
加拿大16403.9
印度24390.1
巴西20809.2
德国36518.7
意大利19211.4
日本48844.9
法国25748.1
美国193621.3
英国25650.5
```

可以看到，调用字典的 keys()函数，结果得到了键列表以及我们需要的排序结果。

3. 按 GDP 数据排序

如果我们想将字典的值也按某种顺序输出,该怎么做呢?字典的查找是单向的,这意味着只能用键去查找值,而不能反过来。

调用字典的 values() 函数得到由值构成的列表,下面对字典的值进行排序。

实例 e6.8gdp.py

```
16    print("按照字典的值排序,方案1")
17    for v in sorted(gdpdict.values()):
18        print(v)
```

运行结果:

```
按照字典的值排序,方案1
16403.9
19211.4
20809.2
24390.1
25650.5
25748.1
36518.7
48844.9
122427.7
193621.3
```

很遗憾,结果中没能输出国家名称,只有 GDP 的数值。由于本例中没有相同的 GDP,即 GDP 唯一,因此我们可以尝试在输出值的同时输出键。

实例 e6.8gdp.py

```
19    print("按照字典的值排序,方案2")
20    for v in sorted(gdpdict.values()):  #排序值,遍历值
21        for key in gdpdict.keys():  #遍历键
22            if gdpdict [key] == v:
23                print(key, gdpdict [key])
```

运行结果:

```
按照字典的值排序,方案2
加拿大16403.9
意大利19211.4
巴西20809.2
印度24390.1
```

```
英国25650.5
法国25748.1
德国36518.7
日本48844.9
中国122427.7
美国193621.3
```

可以看到 GDP 排序后国家的信息。这个案例的值是唯一的，没有普遍意义，下面考虑其他算法。

是否有可能把字典的全部元素转换为列表，再用列表排序呢？答案是肯定的。

4．将字典元素转换为列表，并借助列表排序

列表可以排序，但字典不能排序，因此我们可以将字典元素转换为列表，再排序。

（1）字典转换为列表。

函数 list()语法：

```
list(<字典>.items())
```

字典转换为列表的代码如下：

实例 e6.9gdplist.py

```
1    #coding=utf-8
2    gdpdict={"美国":193621.3,
3            "加拿大":16403.9,
4            "意大利":19211.4,
5            "德国":36518.7,
6            "法国":25748.1,
7            "英国":25650.5,
8            "中国":122427.7,
9            "日本":48844.9,
10           "印度":24390.1,
11           "巴西":20809.2
12           }
13   gdplist =list(gdpdict.items())
14   print(gdplist)
```

运行结果：

```
[('美国', 193621.3), ('加拿大', 16403.9), ('意大利', 19211.4), ('德国', 36518.7), ('
法国', 25748.1), ('英国', 25650.5), ('中国', 122427.7), ('日本', 48844.9), ('印度',
24390.1), ('巴西', 20809.2)]
```

可以看到，列表的每个元素都是元组，每个元组由国家和 GDP 这两项数据构成。每个元组都是国家在前，GDP 在后。

列表的索引号从 0 开始，例如：

❑ gdplist [0]的值是('美国', 193621.3)

❑ gdplist [0][0]的值是'美国'

❑ gdplist [0][1]的值是 193621.3

（2）对列表排序。

实例 e6.9gdplist.py

```
15    print("默认方式排序")
16    alist=sorted(gdplist)
17    print(alist)
```

运行结果：

```
[('中国', 122427.7), ('加拿大', 16403.9), ('印度', 24390.1), ('巴西', 20809.2), ('德
国', 36518.7), ('意大利', 19211.4), ('日本', 48844.9), ('法国', 25748.1), ('美国',
193621.3), ('英国', 25650.5)]
```

使用排序函数 sorted()，默认是以列表元素的第一个子元素"国家"来排序的。如果我们要按照 GDP 排序，那么需要再探讨一下 sorted()的参数。

（3）sorted()函数的参数 key。

key 可以指定我们想要排序的字段，语法如下：

```
<新列表> = sorted(obj, key=lambda 元素：元素 [字段索引] )
```

例如，采用元素第二个字段排序，则 key = lambda x:x[1]。其中，x 可以用任意字母。表达式 x[1]表示把元素 x 当作要处理的数据对象，元素 x 应该拥有若干字段，取索引为 1 的字段。

例如，元素 x=('中国', 122427.7)，x[1]就是 122427.7。

下面按照国家名称和 GDP 数据分别给出排序方案。

实例 e6.9gdplist.py

```
18    alist=sorted(gdplist,key=(lambda x:x[0]))
19    print("按照国家排序")
```

143

```
20    print(alist)
21    blist=sorted(gdplist,key=(lambda x:x[1]))
22    print("按照GDP数据排序")
23    print(blist)
```

运行结果：

```
按照国家排序
[('中国', 122427.7), ('加拿大', 16403.9), ('印度', 24390.1), ('巴西', 20809.2), ('德
国', 36518.7), ('意大利', 19211.4), ('日本', 48844.9), ('法国', 25748.1), ('美国',
193621.3), ('英国', 25650.5)]
按照GDP数据排序
[('加拿大', 16403.9), ('意大利', 19211.4), ('巴西', 20809.2), ('印度', 24390.1), ('英
国', 25650.5), ('法国', 25748.1), ('德国', 36518.7), ('日本', 48844.9), ('中国',
122427.7), ('美国', 193621.3)]
```

可以看到，结果符合预期。

6.1.6 字典和列表对比

字典存储数据采用键值对为元素，键使用不可变类型，包括布尔型、整数、浮点数、字符串和元组。可变类型（如列表）不能作为字典的键。

字典和列表有点类似，但也有一些区别。

1．相似点

列表的元素和字典的值可以是任意类型，比如数字、字符串、列表、字典，甚至对象等类型。

2．不同点

（1）列表是有顺序的。如果你按照某种顺序向列表中添加元素，这些元素会保持这种顺序。另外，可以对列表进行排序操作。

（2）列表中的每一个数据都有一个索引。

（3）字典是无序的。显示的顺序可能会与添加的顺序不同。

（4）列表中的元素是使用索引访问的，通过索引可以对数据进行查询、修改、删除。

（5）字典中的元素是使用键来访问的，通过键可以对数据进行查询、修改、删除。

（6）字典的查找效率要比列表的查找效率更高。

动手试一试

6-1 罗马数字的出现比阿拉伯数字早 2000 多年。在阿拉伯数字传入之前，欧洲使用罗马数字。罗马数字与阿拉伯数字的对照关系如下：

Ⅰ-1、Ⅱ-2、Ⅲ-3、Ⅳ-4、Ⅴ-5、Ⅵ-6、Ⅶ-7、Ⅷ-8、Ⅸ-9、Ⅹ-10。

请创建一个罗马数字与阿拉伯数字的映射关系的字典，并输出。

6-2 创建一个字典，其中存储两条河流及其流经的国家。使用 for 循环输出该字典中每条河流的名字和流经国家的名字。

6-3 创建多个字典，每个字典只保存一种植物的信息，包含植物的名称及其属性。将这些字典存储在一个名为 plants 的列表中，再遍历该列表，输出植物的信息。

6-4 使用字典来存储每位家人的信息，包括姓名、年龄和居住的城市，并输出该字典。

6-5 创建一个名为 cities 的字典，将城市名作为键；每座城市包含该城市所属的国家、人口约数以及一个有关该城市的美食。输出每座城市的名字及其相关信息。

掌握了以上基础知识，你就可以使用字典处理问题了。下面介绍字典的两个经典案例——英文词频统计与网络爬虫。这两个案例都会涉及文件读写，下面先来介绍文件的读写操作。

6.2 文件的读与写

文件是一个存储在辅助存储器上的数据序列，可以包含任何数据内容。用文件组织和表达数据，有效且灵活。

计算机的文件分为两种类型：文本文件和二进制文件。

（1）文本文件是由单一特定编码组成的文件，如 UTF-8 编码。文本文件的内容可以通过文本编辑软件进行编辑，例如，扩展名为.txt、.py、.log 的文件都是文本文件。

（2）二进制文件由 0 和 1 组成，没有统一的字符编码。文件内部数据的组织格式与文件用途有关，例如，.jpg 格式的图片文件、.mp4 格式的视频文件。

6.2.1　文件的打开与读写

Python 对文本文件和二进制文件采用统一的操作步骤，即"打开-操作-关闭"。

1．读文件

文件路径要根据组织文件的方式来确定，有时可能要打开不在程序所属目录的文件。

调用内置函数 open ()打开文件，并实现该文件与一个变量的关联。

open ()函数语法：

```
<变量> = open(<文件名>, <打开模式>)
```

参数说明。

❑　<文件名>可以是一个简单的文件名，也可以是包含完整路径的文件名。

❑　<打开模式>用于控制打开文件的方式，例如读或写。

如表 6-5 所示，open()函数的打开模式共有 7 种。

表 6-5　open() 函数的打开模式

打开模式	说明
't'	默认值，文本文件模式
'b'	二进制文件模式
'r'	默认值，只读模式，如果文件不存在，则返回FileNotFoundError异常
'w'	覆盖写模式，文件不存在则创建，存在则完全覆盖
'x'	创建写模式，文件不存在则创建，存在则返回FileExistsError异常
'a'	追加写模式，文件不存在则创建，存在则在文件最后追加内容
'+'	与r/w/x/a一同使用，在原功能基础上增加同时读写功能

例如：

```
fp = open('file.txt')        #文本形式，只读模式，默认值
fp = open('file.txt', 'rt')   #文本形式，只读模式
fp = open('file.txt', 'w')    #文本形式，覆盖写模式
fp = open('file.txt', 'b')    #二进制形式，只读模式
fp = open('file.txt', 'wb')   #二进制形式，覆盖写模式
```

Python 提供 4 个常用的文件读取函数，如表 6-6 所示。

表 6-6　常用的文件内容读取函数

函数	说明
readall()	读入整个文件内容，返回一个字符串或字节流
read()	从文件读入整个文件内容，返回的数据类型是字符串
readline()	从文件中读入一行内容，返回的数据类型是字符串
readlines()	从文件中读入所有行，以行为元素形成一个列表，返回的数据类型是列表

打开一个文本文件"concert.txt"，并输出文件内容，代码如下：

实例 e6.10read.py

```
1    fp = open("concert.txt","r")
2    lines = fp.readlines()
3    for line in lines:
4        print(line)
5    fp.close()
```

运行结果：

校园里的"森林音乐会"

一场音乐会在大学的丛林间上演，体验艺术之美。

代码解释如下。

❑　第 1 行：以只读方式打开文本文件，得到文件对象 fp。

❑　第 2 行：读取文件的所有行，返回一个列表 lines。

❑　第 3～4 行：通过 for 循环读取列表 lines 中的全部元素并输出。

❑　第 5 行：关闭文件。

在文件读写时容易产生文件打开错误或读写错误，一旦出错，函数 close() 就不会被调用。为了保证无论是否出错都能正确地关闭文件，Python 引入了 with 语句来自动调用 close() 方法。

with 语法：

```
with open(<文件名>，<打开模式>) as <变量>：
    <语句块>
```

在程序中使用 with 语句，代码如下：

实例 e6.10read2.py

```
1    with open('concert.txt','r') as fp:
2        lines = fp.readlines()
3        for line in lines:
4            print(line)
5    #有with就不用调用close()
```

运行结果与上一案例相同。

函数 eval()能识别字符串中的有效表达式，还能识别字符串中的列表和字典。

（1）当字符串符合列表的语法时，eval()可以将其转换为列表。

（2）当字符串符合字典的语法时，eval()可以将其转换为字典。

将下列内容保存到文本文件 weval.txt 中：

```
{"a" : "apple", "b" : "banana"}
["周六","13日","雨","25℃/22℃","东风转东南风<3级"]
```

编写一段程序去读取这个文件，并提取字典信息，代码如下：

实例 e6.11eval.py

```
1    with open('weval.txt') as fp:
2        str1 = fp.readline()
3        str2 = fp.readline()
4        data1 = eval(str1)
5        data2 = eval(str2)
6        for k in data1:
7            print(k,data1[k])
8        for m in data2:
9            print(m)
```

由于文件只有两行数据，所以只需单行读取两次。

运行结果：

```
a apple
b banana
周六
13日
雨
```

25℃/22℃
东风转东南风<3级

2. 写文件

Python 提供 3 个常用的文件写入函数，如表 6-7 所示。

表 6-7 常用的文件内容写入函数

函数	含义
write(s)	向文件写入一个字符串或字节流
writelines(lines)	将字符串组成的列表写入文件
seek(offset)	改变当前文件操作指针的位置，offset的值为0，表示文件开头；为1 表示当前位置；为2表示文件结尾

首先让用户输入一个文件名，然后把字符写入该文件，代码如下：

实例 e6.12write.py

```
1    fname = input("请输入要写入的文件：")+".txt"
2    fo = open(fname, "w+")
3    ls = ["唐诗", "宋词", "元曲"]
4    fo.writelines(ls)
5    fo.close()
6    fp = open(fname)
7    for line in fp:
8        print(line)
9    fp.close()
```

运行结果：

请输入要写入的文件：**xie.txt**
唐诗宋词元曲

代码解释如下。

❏ 第 1 行：请用户输入文件名，最好是之前不存在的新文件。

❏ 第 2 行：以写入方式打开文件，如果文件不存在，就创建一个；如果文件存在，就清除原来的内容。

❏ 第 3 行：准备一个列表 ls。

- [ ] 第 4 行：将列表的数据写入文件中。

- [ ] 第 6～8 行：通过 for 循环逐行读取文件中的数据并输出。

- [ ] 第 5 行和第 9 行：关闭文件。

同样地，推荐使用 with 语句写文件，改写后的代码如下：

实例 e6.12write2.py

```
1    fname = input("请输入要写入的文件：")+".txt"
2    with open(fname,'w+') as fo:
3        ls = ["唐诗", "宋词", "元曲"]
4        fo.writelines(ls)
5    with open(fname) as fp:
6        for line in fp:
7            print(line)
```

运行结果与上一案例相同。

3. 读写含有中文的文件

如果文件中含有中文，那么需要指定字符编码。如果不指定，可能会导致解码失败，出现乱码。例如文件 "concert.txt" 采用 UTF-8 编码，那么可以这样打开文件：

```
fp= open('concert.txt','r', encoding='utf-8')
```

参数 encoding 用于指明要打开文件的编码格式。

6.2.2　pickle 库与数据存储

在机器学习中，程序员需要把训练好的模型存储起来，这样在进行决策时可以直接将模型读出，而不需要重新训练模型。文本文件容易被篡改，因此设计一种二进制文件会更为保险。Python 标准库提供的 pickle 库就很好地解决了这个问题，它可以序列化对象并保存到磁盘文件中，在需要时再读取出来。

Python 的数据类型（数值、字符串、列表、元组、字典、集合、类）都可以用 pickle 模块来序列化。pickle 库可以将数据保存到文件，也可以从文件中取出数据。

pickle 模块中常用的函数是读和写。

（1）读：将文件 file 中的数据取出，赋值给变量 obj。

```
obj = pickle.load(file)
```

（2）写：将数据 obj 存入已打开的文件 file 中。

```
pickle.dump(obj, file)
```

下面编写程序，将字典存入文件，再从文件中读出字典。

实例 e6.13pickle.py

```
1    import pickle
2    data={"a":[1,3,5,7],
3          "b":("Hello","深圳的春天"),
4          "c":None}
5    #存储
6    fp=open("data.pkl","wb")
7    pickle.dump(data,fp)
8    fp.close()
9    #读取
10   fp=open("data.pkl","rb")
11   data1=pickle.load(fp)
12   print(data1)
13   fp.close()
```

运行结果：

```
{'a': [1,3,5,7], 'b': (Hello, '深圳的春天'), 'c': None}
```

6.2.3　Python 的异常处理

程序发生错误时，如果还有工作没有完成，妥善地处理错误就显得尤为重要。例如，程序要求用户提供输入一个整数，而用户输入的是字母，那么程序很可能会崩溃。

如果你不想在异常发生时被迫结束程序，就需要在程序中做异常处理。

Python 语言使用保留字 try 和 except 进行异常处理。

异常的语法格式：

```
try:
        <语句块1>
except:
        <语句块2>
```

<语句块 1>是正常执行的程序内容。当执行<语句块 1>发生异常时，就会执行 except

保留字后面的<语句块 2>。

1. 文件不存在异常

在读取一个文件时，最可能出现的异常是文件不存在。

实例 e6.14try.py

```
1    try:
2        with open('Alice.txt') as f1:
3            line = f1.readline()
4            print(line)
5    except FileNotFoundError:
6        print("文件Alice.txt不存在!")
```

运行结果：

```
文件Alice.txt不存在!
```

2. 转换异常

程序接收用户输入，要求必须输入整数，不接收其他数据类型。

实例 e6.14try.py

```
7    try:
8        n = int(input("请输入一个整数："))
9        print("该数字的3次方为: ", n**3)
10   except:
11       print("输入的不是整数! ")
```

运行结果：

```
请输入一个整数：8.5
输入的不是整数!
```

内置函数 int(s)可将字符串 s 转换为整数。其中，s 是指由整数构成的字符串，如果转换失败，则会执行 except 语句。

3. 多种异常

一段程序中可能有多种异常，语法会更复杂，需要多出现几次 except。

except 语法：

```
try:
    正常的操作
```

```
    ......
except Exception1:
    发生异常1，执行<代码1>
except Exception2:
    发生异常2，执行<代码2>
    ......
else:
    无任何异常执行<代码3>
```

下面是两个数相除的程序，其中考虑了多种异常可能，代码如下：

实例 e6.15tryelse.py

```
1   try:
2       x = float(input("请输入被除数: "))
3       y = float(input("请输入除数: "))
4       z = x / y
5   except ZeroDivisionError:
6       print("除数不能为零")
7   except ValueError:
8       print("被除数和除数应为数值类型")
9   except:
10      print("其他异常")
11  else: #无任何异常
12      print("{}/{}={}".format(x,y,z))
```

运行结果：

```
请输入被除数: 10
请输入除数: 5
10.0/5.0=2.0
```

动手试一试

6-6 加法计算器

（1）编写一个程序，提示用户输入两个数字，并做加法运算。

（2）用户提供的是字符而不是数字时，程序使用 eval() 函数尝试将输入转换为数值将引发 TypeError 异常，请提示用户重新输入数字。

（3）将两个数字相加并输出结果。

6-7 猫和狗

（1）创建两个文件 cats.txt 和 dogs.txt，在第一个文件中至少存储 3 只猫的名字，在第二个文件中至少存储 3 条狗的名字。

（2）编写一个程序，尝试读取这些文件，并将其内容输出到屏幕。

（3）将代码放在一个 try-except 代码块中，以便在文件不存在时捕获 FileNotFound 错误，并输出一条友好的消息。

6.3　英文小说的词频统计

对于一篇文章，我们要统计并找出其中多次出现的词语，这就是"词频统计"。

从算法上看，词频统计只是累加问题，也就是给文章的每个词语设计一个计数器，词语每出现一次，相关计数器就加 1。以词语为键，出现次数为值，构成"词语：出现次数"的键值对，能够很容易地解决该问题。

6.3.1　词频统计的 IPO 描述

❑　输入：从文件中读取一篇文章。

❑　处理：使用字典统计词语出现的频率。

❑　输出：出现最多的 10 个词语及其频率。

在英文文本中，可以使用方法 split()，用空格来分隔字符串，以获得单词，并统计词语出现的频率。中文字符之间没有天然的分隔符，需要借助第三方库（例如 jieba 库）对中文文本进行分词。

英文可以使用方法split()来分隔字符串，以获得单词，并统计词语出现频率。中文字符之间没有天然的分隔符，需要借助第三方库对中文文本进行分词。

6.3.2 词频统计的算法

《I Have a Dream》是马丁·路德·金在林肯纪念堂发表的著名演讲，对美国甚至世界都具有深远的影响。读者可以从本书提供的电子资源中获取该演讲的文本文件 Dream.txt。

1. 第一步：提取单词

统计词频的第一步，是分解并提取文章的单词。

（1）同一个单词会存在大小写的形式，因此需要将大写字母统一转换为小写字母。调用 <字符串>.lower() 函数将字母变成小写，排除大小写对词频统计的干扰。

（2）英文单词的分隔可以是空格、标点符号或者特殊符号。为了统一分隔方式，调用函数 <字符串>.replace() 将各种特殊字符和标点符号替换为空格，排除标点符号对词频统计的干扰。

（3）使用 <字符串>.split() 函数，以空格来分隔单词。

2. 第二步：计数

统计词频的第二步是对每个单词进行计数。

假设将所有单词保存在列表 words 中，变量 word 代表 words 的元素，使用字典 counts 统计单词出现的次数：

```
counts[word]=counts[word]+1
```

word 是字典 counts 的键，次数是字典 counts 的值，例如 counts["you"]=55。

当遇到一个新单词时，需要在字典中新建键值对：

```
counts[word]=1
```

无论单词是否在字典中，处理逻辑都可以简洁地表示为如下代码：

```
counts[word]=counts.get(word,0)+1
```

<字典>.get(word,0) 函数表示：如果 word 在字典中，则返回 word 对应的值；如果 word 不在字典中，则返回 0。

3. 第三步：排序

统计词频的第三步，是对单词的统计值从高到低进行排序：

```
items = list(counts.items())
items.sort(key=lambda x:x[1], reverse=True)
```

第 1 行代码是将字典转换为列表。

第 2 行代码是按照列表元素的第 2 项对列表进行排序，参数 reverse=True 表示从大到小排序。

6.3.3　词频统计的完整程序

定义一个函数 getText()对获取和整理文本的工作进行封装，下面给出该实例的完整代码。

实例 e6.16CalDream.py

```
1    def getText():
2        '''打开文本文件，单词转小写，符号转换成空格，返回转换后的全文字符串'''
3        txt = open("Dream.txt", "r").read()
4        txt = txt.lower()
5        txt = txt.replace("'", " ")   #单引号替换为空格
6        for ch in '!",-.:;?':   #将字符替换为空格
7            txt = txt.replace(ch, " ")
8        return txt
9    txt = getText()
10   words = txt.split() #以空格来分隔字符串
11   counts = {} #统计全文单词词频的字典
12   for word in words:
13       counts[word] = counts.get(word,0) + 1
14   items = list(counts.items())
15   items.sort(key=lambda x:x[1], reverse=True)#列表排序，逆序
16   for i in range(10):
17       word, count = items[i]
18       print ("{:<10}{}".format(word, count))
```

运行结果：

```
the        102
of         97
to         59
and        48
a          36
we         31
be         31
will       28
```

that	24
in	22

从结果中可以看到前 10 个高频单词及其对应的出现次数。

第 18 行代码用于将字符串格式化为左对齐，留 10 个字符位置。

6.3.4　统计人物出场次数

莎士比亚的作品《哈姆雷特》讲述了克劳狄斯叔叔谋害了哈姆雷特的父亲，篡取了王位，哈姆雷特王子流浪在外，为父亲复仇的故事。

剧中人物众多，统计人物出场次数是一件有趣的事情。我们可以创建一个人物集合 names，从统计字典里取出 names 中的人物的统计数据，得到剧中人物的出场次数。

读者可以从本书提供的电子资源中获取该故事的文本文件 Hamlet.txt，把该文件保存到正确的目录中，让程序能够成功地访问，完整代码如下：

实例 e6.17CalHamlet.py

```
1    #对主要人物计数，人物集合names
2    names={"Hamlet","Claudius","Gertrude","Polonius","Laertes","Ophelia","Horatio",
3          "Rosencrantz","Guildernstern","Fortinbras"}
4    def getText():
5        '''打开文本文件，单词转小写，符号转换成空格，返回转换后的全文字符串'''
6        txt = open("Hamlet.txt", "r").read()
7        txt = txt.lower()
8        txt = txt.replace("'", " ")   #单引号替换为空格
9        for ch in '!",-.:;?':   #将字符替换为空格
10           txt = txt.replace(ch, " ")
11       return txt
12   txt = getText()
13   words  = txt.split() #以空格来分隔字符串
14   counts = {} #统计全文单词词频的字典
15   for word in words:
16       counts[word] = counts.get(word,0) + 1
17   namelist=[]   #主要人物列表，保存人物名字和词频数据
18   for word in names:
19       name = word.lower()
```

```
20          if name in counts:
21              namelist.append([name,counts[name]])
22      namelist.sort(key=lambda x:x[1], reverse=True) #列表排序，逆序
23      for name in namelist:
24          print ("{:<15}{}".format(name[0], name[1]))
```

运行结果：

```
hamlet          471
horatio         158
claudius        119
polonius        118
laertes         105
gertrude        95
ophelia         87
rosencrantz     76
fortinbras      21
```

案例中出现的 names 是集合数据类型，将在 6.6 节中介绍。

动手试一试

6-8 分析整本书

（1）选择一本文学作品，例如童话"Alice in Wonderland"的文本文件。

（2）读取该文件全文到一个字符串。

（3）使用 lower()将字符串转换为小写。

（4）使用 split()将字符串拆分为单词列表。

（5）尝试计算它包含多少个单词。

6.4　创建一个加密字典

本书在前面章节介绍了两种加密算法。

（1）凯撒加密法：密钥是凯撒加密法的秘密所在。编程算法中使用字符串实现加密和解密。

（2）换位加密法：根据某种规则改变消息字符的顺序，使原来的消息不可读，变为没

有意义的密文。编程算法中使用列表实现加密和解密。

　　下面我们尝试用字典作为加密和解密工具。基于映射关系建立替换的规则，用字典做加密器，设计一个没有规律的字母映射关系。如果没有加密器，那么破译这种加密法会非常困难。

字典加密的 IPO 描述如下。

❑　　输入：明文。

❑　　处理：通过字典加密算法替换文字。

❑　　输出：密文。

6.4.1　创建自己的加密器

下面定义一个字母映射关系，这是一个没有规律的字母映射关系。

字母的明文：ABCDEFGHIJKLMNOPQRSTUVWXYZ

字母的密文：RSQTKOLJPXMYZDENUVFWAHCBGI

用字典定义一个加密器 dict，代码如下：

实例 e6.18encrypt.py

```
1    # 字典加密器dict
2    message = 'The secret password is rosebud'
3    charset = 'ABCDEFGHIJKLMNOPQRSTUVWXYZ'
4    miyao='RSQTKOLJPXMYZDENUVFWAHCBGI'
5    dict={}
6    for i in range(26):
7        dict[charset[i]]=miyao[i]
8    for i in charset:
9        print(i+"-"+dict[i],end=" ")
10   print("\n字典类型的加密器创建完成")
```

运行结果：

```
A-R B-S C-Q D-T E-K F-O G-L H-J I-P J-X K-M L-Y M-Z N-D O-E P-N Q-U R-V S-F T-W U-A
V-H W-C X-B Y-G Z-I
```

这个加密器只用于建立字母映射关系。读者可以尝试建立一个复杂的包含字母、数字和符号的映射关系的字典加密器。

6.4.2　用字典实现加密算法

有了加密器 dict，就可以直接进行加密工作。

实例 e6.18encrypt.py

```
11   message = "Alice was beginning to get very tired of sitting by her sister on the bank"
12   translated =''
13   for s in message.upper():
14       if s in charset:
15           translated +=dict[s]
16       else:
17           translated +=s
18   print("明文: ")
19   print(message)
20   print("密文: ")
21   print(translated)
```

运行结果：

```
明文:
Alice was beginning to get very tired of sitting by her sister on the bank
密文:
RYPQK CRF SKLPDDPDL WE LKW HKVG WPVKT EO FPWWPDL SG JKV FPFWKV ED WJK SRDM
```

字典加密的好处是不用考虑密钥，这使破译工作变得更加困难。

6.4.3　解密和解密字典

用字典定义一个解密字典 dict，代码如下：

实例 e6.19decrypt.py

```
1   #字典解密器dict
2   charset = 'ABCDEFGHIJKLMNOPQRSTUVWXYZ'
3   miyao='RSQTKOLJPXMYZDENUVFWAHCBGI'
4   dict={}
5   for i in range(26):
6       dict[miyao[i]]=charset[i]
7   for i in charset:
```

```
8            print(i+"-"+dict[i],end=" ")
9     print("\n字典类型的解密器创建完成")
```

运行结果：

```
A-R B-S C-Q D-T E-K F-O G-L H-J I-P J-X K-M L-Y M-Z N-D O-E P-N Q-U R-V S-F T-W U-A
V-H W-C X-B Y-G Z-I
```

有了解密字典 dict，就可以直接进行解密。

实例 e6.19decrypt.py

```
10    #明文message，密文translated
11    translated = 'RYPQK CRF SKLPDDPDL WE LKW HKVG WPVKT EO FPWWPDL SG JKV FPFWKV ED WJK SRDM'
12    message = ""
13    for s in translated.upper():
14        if s in miyao:
15            message +=dict[s]
16        else:
17            message += s
18    print("密文: ")
19    print(translated)
20    print("明文: ")
21    print(message.lower())
```

运行结果：

```
密文:
RYPQK CRF SKLPDDPDL WE LKW HKVG WPVKT EO FPWWPDL SG JKV FPFWKV ED WJK SRDM
明文:
alice was beginning to get very tired of sitting by her sister on the bank
```

有了解密字典，密文可以被顺利地解密出来。

6.4.4　加密一个文本文件

下面这段英文是童话《爱丽丝梦游仙境》的片段，将其保存为文件 Alice.txt。

```
The journey had started at Folly Bridge near Oxford and ended five miles away in the
village of Godstow. To while away time the Reverend Dodgson told the girls a story
that, not so coincidentally, featured a bored little girl named Alice who goes looking
for an adventure.
```

下面尝试加密文件 Alice.txt，将加密后的密文写入文件 Alice2.txt，程序如下。

实例 e6.20Alice.py

```
1   def dictjmq():
2       '''#创建一个字典加密器'''
3       charset = 'ABCDEFGHIJKLMNOPQRSTUVWXYZ'
4       miyao = 'RSQTKOLJPXMYZDENUVFWAHCBGI'
5       dict = {}
6       for i in range(26):
7           dict[charset[i]] = miyao[i]
8       return dict
9   def encrypt():
10      dict = dictjmq()
11      with open('Alice.txt', 'r')as fp:
12          lines = fp.readlines()
13      with open("Alice2.txt", "w") as fw:
14          for line in lines:
15              str = ''
16              for i in line.upper():
17                  if i in dict.keys():
18                      str += dict[i]   # 用字典实现加密算法
19                  else:
20                      str += i
21              fw.write(str)
22  encrypt()
```

运行结果是得到的密文被保存在了文本文件 Alice2.txt 中。

6.4.5　程序背后的故事——算法与图灵奖

算法（Algorithm）是对解题方案准确而完整的描述，是一系列解决问题的清晰指令。

算法代表着用系统的方法描述解决问题的策略机制。不同的算法可能用不同的时间、空间或效率来完成同样的任务。一个算法的优劣可以用空间复杂度与时间复杂度来衡量。

算法之大，大到可以囊括宇宙万物的运行规律；算法之小，小到数行代码就可以展现一个神奇的功能。算法是琐碎的，以至于常常被人们忽视。比如华容道小游戏，它的求解算法叫简单穷举算法。

图灵在 1936 年发表了一篇论文《论可计算的数及其在密码问题的应用》，首次提出了逻辑机的通用模型，现在人们把这个模型机称为图灵机。图灵不仅是一位数学家，还是一位擅长电子技术的工程专家，在第二次世界大战期间，他是英国破译密码小组的主要成员。图灵以独特的思想创造的破译机，一次次成功地破译了纳粹德国的密码电文。

图灵在论文《计算机器与智能》中指出，如果一台机器对于问题的响应相比于人类做出的响应有不超过 30%的误判，那么这台机器就具有智能。这一论断称为图灵测试，它奠定了人工智能理论的基础。

美国计算机协会（ACM）专门设立了图灵奖，它是计算机学术界的最高成就奖。

华人学者姚期智是 2000 年图灵奖的获得者，他的研究方向包括计算理论及其在密码学和量子计算中的应用。

6.5 爬虫之自制英汉字典

合理地使用字典能为编程带来很多便利。在学习了词频统计、字典加密器后，我们来设计一个程序，功能是用户输入想查询的英语单词，计算机自动查询该单词的释义，显示并保存查询结果。

6.5.1 创建一个单词字典

Python 爬虫展现了自动获取网络数据的威力。

利用 Python 爬虫可以将英语单词翻译成中文，我们需要找一个网站来帮助我们。该网站要具有将输入的英语单词翻译成中文或者把中文翻译成英文的功能。

（1）创建一个单词字典 dict：

```
dict={}
```

（2）输入单词 word，爬虫程序自动去网站中查询单词的意思，把答案赋值给 text，然后给字典增加一个数据项：

```
dict[word]= text
```

依次类推，字典的数据就会越来越多。

6.5.2　爬虫的背后——大受欢迎的第三方库

1．什么是爬虫

爬虫，又称网络爬虫、网页蜘蛛、网络机器人，是按照一定的规则自动抓取互联网信息的程序或者脚本。肆意爬取网络数据是很不文明的现象，我们可以掌握爬虫技术，但是不要滥用。

Python 语言在发展中有一个里程碑式的应用事件，即谷歌公司在搜索引擎后端采用 Python 语言进行链接处理和开发，这是 Python 语言发展成熟的重要标志。

Python 爬虫技术使用起来非常简单，这是因为 Python 的第三方库做了大量的工作，使得非专业人士无须知道网络通信等方面知识，只使用很少行数的代码即可完成工作。

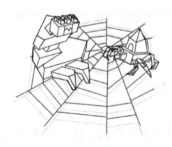

2．什么是第三方库

Python 内置的库称为标准库，其他库称为第三方库。

开源运动是指开放源代码、信息共享和自由使用。近二十年来，开源运动产生了信息技术等领域大量的可重用资源，直接且有力地支撑了信息技术的发展，形成了"计算生态"。Python 语言从诞生之初就致力于开源开放，并建立了全球最大的编程计算生态。

　　Python 官方提供了第三方库索引功能，列出了二十几万个第三方库的基本信息，这些第三方库覆盖信息技术的所有方向。第三方库并非都采用 Python 语言编写，有的也采用 C、C++等语言编写，经过简单的接口封装，供 Python 语言程序调用。这样的黏性功能使 Python 语言成为了各类编程语言之间的接口，Python 语言因此被称为"胶水语言"。

　　Python 第三方程序包括库（library）、模块（module）、类（class）和程序包（package）等多种命名，本书不对这些命名进行区分，只将这些可重用代码称为"库"或"模块"。

　　在计算生态思想指导下，程序尽可能利用第三方库进行代码复用，这种像搭积木一样的编程方式被称为"模块编程"，使用几十行代码就能完成一个有价值的程序。

　　强大的第三方库使得 Python 越来越受欢迎，但由于是由许多的第三方提供的，因此其编写风格差异很大。

　　下面列举 3 个常用的第三方库。

（1）数据分析库 Numpy，如图 6-3 所示。

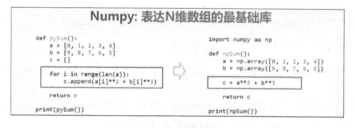

图6-3　数据分析库Numpy

（2）机器学习库 TensorFlow，如图 6-4 所示。

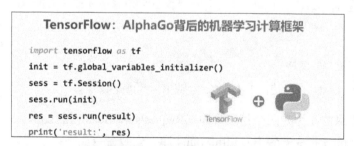

图6-4　机器学习库TensorFlow

（3）网络爬虫库 Requests，如图 6-5 所示。

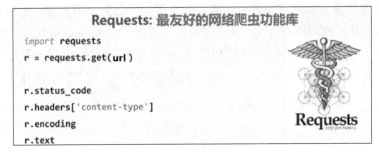

图6-5　网络爬虫库Requests

简洁、开源和强大的第三方库是 Python 日益强大的秘密。

下面介绍爬虫技术中两个较为主流的第三方库：Requests 和 BeautifulSoup4。

在使用第三方库前，需要安装第三方库。

6.5.3　第三方库的安装

Python 的标准库无须安装。前文用到的 math 库、time 库、turtle 库和 pickle 库都是 Python 的标准库，直接 import 导入即可使用。

Python 第三方库需要先安装，安装时记得保持计算机的网络连接通畅。

使用 pip 指令安装是通行的办法。pip 是 Python 自带的管理工具，在行命令窗口 cmd 下输入 "pip"，如果能识别 pip 指令，则说明可以继续。

在命令行窗口 cmd 输入：

```
pip install requests
```

或

```
pip3 install requests
```

即可完成 requests 的安装，具体请参考随书视频资源。

本案例的爬虫程序需要两个第三方库：Requests 和 BeautifulSoup4。
继续采用 pip 或 pip3 指令安装 BeautifulSoup4 库。安装命令如下：

```
pip install beautifulsoup4
```

注意：安装 BeautifulSoup4，不要安装 BeautifulSoup 库，后者已经不再维护了。

6.5.4 爬虫之数据提取自动化

用Python做一个爬虫,用于将输入的英语单词翻译成中文或者把中文词语翻译成英文。首先,爬虫要能将英语单词翻译成中文,这需要一个网站来辅助我们。

本例选用有道词典网站,在其网页中输入单词 cat,网页就会显示这个单词的中文释义,如图 6-6 所示。

图6-6 有道词典网页

使用网页浏览器的查看网页源代码功能,可以看到单词的解释出现在标签<div class=trans-container>和标签</div>之间,如图 6-7 所示。

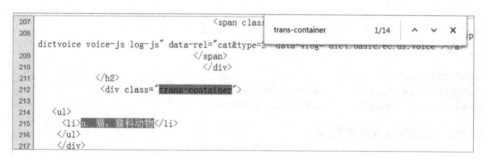

图6-7 网页源代码

网络爬虫的编程一般分为如下两个步骤。

(1)通过网络链接获取网页文本,这个步骤使用 Request 库。

(2)对获得的网页文本进行数据提取,这个步骤使用 BeautifulSoup4 库。

1. Requests 库的使用

Requests 库处理 HTTP 请求,提供多个网页请求函数。最常用的是 get()函数,可用于获取网页内容。返回值即网页内容,是一个 Response 对象。

get()语法：

```
requests.get(url [,timeout=n])
```

参数说明。

❑　url 网址：例如 url="http://www.baidu.com"。

❑　timeout：超时时间，表示每次请求超时时间为 n 秒。

❑　返回值：一个 Response 对象。对象封装了属性和方法，易于操作。作为一个对象，返回内容拥有自己的属性和方法。例如，Response 的属性 text 存放的是页面源代码，可以被直接输出。

以百度为例，获取网页内容并输出。

实例 e6.21baidu.py

```
1    import requests
2    r = requests.get(url="http://www.baidu.com")
3    r.encoding = 'utf-8'   #中文网页需要指定utf-8编码
4    print(r.text)
```

运行代码，输出该网页的全部源代码，里面都是 HTML 和 XML 语法。下面展示开头的一小段源代码：

```
<!DOCTYPE html>
<!—STATUS OK--><html> <head><meta http-equiv=content-type
content=text/html;charset=utf-8><meta http-
```

2．BeautifulSoup4 库的使用

在获取网页源代码后，我们需要进一步解析页面，提取有用信息，这要用到 BeautifulSoup4 库（bs4 库）。

bs4 库是一个解析和处理 HTML 和 XML 标签语言的第三方库。HTML 建立的页面的源代码非常复杂，bs4 提供了 BeautifulSoup 完成解析工作。

使用 bs4 库，需要进行如下引用：

```
from bs4 import BeautifulSoup
```

BeautifulSoup 能将 HTML 文档转换成树形结构，其中包含 HTML 页面里的每一个标签（Tag）元素，如<head>、<body>等。同一个标签会出现很多次，例如在百度首页中至少有十几处<a>标签。

BeautifulSoup 的 find()和 find_all()函数可以遍历整个网页源代码。

（1）find_all()函数：用于查找指定标签的全部入口。

语法：

```
find_all(tag, attributes, recursive, string, limit, keywords)
```

（2）find()函数：用于查找指定标签的第一个入口。

语法：

```
find(tag, attributes, recursive, string, keywords)
```

参数分别表示 tag 标签、attributes 属性、recursive 递归、string 文本、limit 限制查询数量、keywords 关键字。这些参数可以像过滤器一样进行筛选处理。

find()函数相当于 find_all()函数的特例，参数 limit=1。

大多数情况下，我们只会遇到前两个参数：tag 标签和 attributes 属性。

（1）基于 tag 查找指定的标签，例如在网页源代码中查找标签< div >。

（2）基于 attributes 查找指定的属性，例如图 6-8 中出现了<div class= trans-container>，可以尝试在网页源代码中查找属性值"trans-container"。

以百度首页为例，调用 find_all()函数查找全部<a>标签，程序如下：

实例 e6.21baidu.py

```
1    import requests
2    from bs4 import BeautifulSoup
3    r = requests.get(url="http://www.baidu.com")
4    r.encoding = 'utf-8'   #中文网页需要指定utf-8编码
5    # print(r.text)
6    soup = BeautifulSoup(r.text, 'html.parser')   # 按HTML语法解析网页内容r.text
7    alist = soup.find_all('a',class_='mnav')   # 按标签a、属性class查找全部值。
8    for i in alist:
9        print(i)
```

运行结果：

```
<a class="mnav" href="http://news.baidu.com" name="tj_trnews">新闻</a>
<a class="mnav" href="http://www.hao123.com" name="tj_trhao123">hao123</a>
```

```
<a class="mnav" href="http://map.baidu.com" name="tj_trmap">地图</a>
<a class="mnav" href="http://v.baidu.com" name="tj_trvideo">视频</a>
<a class="mnav" href="http://tieba.baidu.com" name="tj_trtieba">贴吧</a>
```

可以看到符合标签<a>，并且属性 class='mnav'的全部值都被找出来了。

学习完爬虫的基础知识，下面来爬取英语单词。

爬取单词的 IPO 描述如下。

❑　输入：单词。

❑　处理：爬虫程序获取单词的翻译信息。

❑　输出：单词的翻译信息。

实例 e6.22youdao.py

```
1    import requests
2    from bs4 import BeautifulSoup
3    word = input("请输入想要翻译的英语单词 (输入 'q'表示离开): ")
4    while word != 'q':
5        try:
6            # 利用GET获取输入单词的网页信息
7            r = requests.get(url='http://dict.youdao.com/w/%s/#keyfrom=dict2.top'%word)
8            # 利用BeautifulSoup将获取到的文本解析成HTML
9            soup = BeautifulSoup(r.text, "lxml")
10           # 获取指定的标签, 将里面的翻译内容提取出来
11           s = soup.find(class_='trans-container')
12           tmp = s.find_all('li')
13           # 输出翻译的具体内容
14           for item in tmp:
15               if item.text:
16                   print(item.text)
17           print('='*40)  #画一条线
18       except Exception:
19           print("抱歉，获取翻译信息失败\n")
20       finally:
21           word = input("请输入想要翻译的英语单词 (输入 'q'表示离开): ")
```

运行结果：

```
请输入想要翻译的英语单词 (输入 'q'表示离开): mountain
n. 山；山脉
n. (Mountain)人名；(英)芒廷
=======================================
请输入想要翻译的英语单词 (输入 'q'表示离开): cat
n. 猫，猫科动物
=======================================
请输入想要翻译的英语单词 (输入 'q'表示离开):q
```

6.5.5 爬虫之数据存储自动化

如果把每次爬取的数据都保留下来，比如保存到文件，日积月累，就可以建立起一个小小的单词本。pickle 库能直接存取字典数据到文件。

在单词本程序中，需要创建一个字典 mydict，用于保存来自 pickle 文件的数据。用户查询过的单词继续被添加到 mydict，在程序结束时，再把字典 mydict 的数据写入文件。

单词本的 IPO 描述如下。

❑ 输入：键盘输入的单词和来自 pickle 文件的数据。

❑ 处理：爬虫程序获取单词的翻译信息。

❑ 输出：单词的翻译信息和 pickle 文件。

爬虫之单词数据的自动化代码如下：

实例 e6.23youdao2.py

```
1    import requests
2    from bs4 import BeautifulSoup
3    import pickle
4    try:
5        fread =open('dictword.pkl','rb')
6        mydict = pickle.load(fread)
7        fread.close()
8    except FileNotFoundError:
9        print("文件没找到，新建一个文件dictword.pkl ")
10       mydict = {}
```

```
11    word = input("请输入想要翻译的英语单词 (输入 'q'表示离开): ")
12    while word != 'q':
13        try:
14            # 利用GET获取输入单词的网页信息, 翻译成中文
15            r = requests.get(url='http://dict.youdao.com/w/%s/#keyfrom=dict2.top'%word)
16            # 利用BeautifulSoup将获取到的文本解析成HTML
17            soup = BeautifulSoup(r.text, "html.parser")
18            # 获取指定的标签, 将里面的翻译内容提取出来
19            s = soup.find(class_='trans-container')
20            tmp = s.find_all('li')
21            # 输出单词翻译的具体内容
22            alist = []
23            for item in tmp:
24                if item.text:
25                    print(item.text)
26                    alist.append(item.text)
27            mydict[word]=alist
28            print('='*40)
29        except Exception:
30            print("抱歉, 获取翻译信息失败\n")
31        finally:
32            word = input("请输入想要翻译的英语单词 (输入 'q'表示离开): ")
33    fput = open('dictword.pkl', 'wb')
34    pickle.dump(mydict, fput)
35    fput.close()
36    for k,v in mydict.items():
37        print(k,v)
```

运行结果:

```
请输入想要翻译的英语单词 (输入 'q'表示离开): cat
n. 猫, 猫科动物
========================================
请输入想要翻译的英语单词 (输入 'q'表示离开): nice
adj. 精密的; 美好的; 细微的; 和蔼的
n. (Nice)人名; (英)尼斯
========================================
```

```
请输入想要翻译的英语单词 (输入 'q'表示离开)：dog
n. 狗；卑鄙的人；(俚)朋友
vt. 跟踪；尾随
========================================
请输入想要翻译的英语单词 (输入 'q'表示离开)：q
cat ['n. 猫，猫科动物']
dog ['n. 狗；卑鄙的人；(俚)朋友', 'vt. 跟踪；尾随']
nice ['adj. 精密的；美好的；细微的；和蔼的', 'n. (Nice)人名；(英)尼斯']
mountain ['n. 山；山脉', 'n. (Mountain)人名；(英)芒廷']
```

实现爬虫并不复杂，但处理网页时需要读者对 HTML 语言有一定的了解，要多分析网页源代码的标签，才能写出满意的爬虫程序。

动手试一试

6-9 完善单词爬虫的实例 e6.23youdao2.py，把数据保存一份副本到文本文件，方便随时翻阅。文本文件指定到磁盘 D 区的根目录 "D:\words.txt"。

6.6 集合类型

6.6.1 组合数据类型

如图 6-8 所示，Python 组合数据类型包含了序列类型、映射类型和集合类型。Python 的字符串、列表和元组都是序列类型。

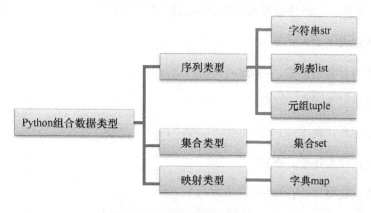

图6-8 Python组合数据类型

6.6.2　集合

集合类型与数学中集合的概念一致，是一组元素的集合，元素之间无序，没有索引的概念。每个元素都必须是独一无二的。

集合元素的类型只能是固定数据类型，例如整数、浮点数、字符串、元组等。列表是可变数据类型，例如，字典和集合不能作为集合的元素出现。

集合用大括号表示，可以用赋值语句生成一个集合。例如：

```
aset= {'apple', 'orange', 'apple', 'pear', 'orange', 'banana'}
```

或者用函数 set()创建集合。例如：

```
bset = set()
```

注意：创建一个空集合必须用 set()，而不是{}，因为{}是用来创建一个空字典的。

1．集合的特征

集合具有无序和互异的特征。

（1）无序：集合内的元素没有顺序。例如，{1,3,2} 和 {1,2,3} 是同一个集合。

（2）互异：集合没有相同的两个元素。例如，{1,3,3} 和 {1,3} 是同一个集合。

集合类型不包含重复元素，如果一批数据需要进行去重处理，可以通过集合来快速完成。

来看一个案例，下面是历届奥运会获得女排冠军的国家。

1964 年东京奥运会：日本

1968 年墨西哥城奥运会：苏联

1972 年慕尼黑奥运会：苏联

1976 年蒙特利尔奥运会：日本

1980 年莫斯科奥运会：苏联

1984 年洛杉矶奥运会：中国

1988 年汉城奥运会：苏联

1992 年巴塞罗那奥运会：古巴

1996 年亚特兰大奥运会：古巴

2000 年悉尼奥运会：古巴

2004 年雅典奥运会：中国

2008 年北京奥运会：巴西

2012 年伦敦奥运会：巴西

2016 年里约奥运会：中国

如何知道有多少支球队曾经获得过奥运会女排冠军？

我们把球队放入集合中，定义一个集合 teams，代码如下。

实例 e6.24teams.py.

```
1    teams = {'日本','苏联','苏联','日本','苏联','中国','苏联',
2             '古巴','古巴','古巴','中国','巴西','巴西','中国',}
3    print('有多少支曾经获得过奥运会女排冠军球队:',len(teams))
4    print(teams)
```

teams 是一个集合，按照集合的特性，会自动过滤掉相同的数据，得到不同的球队。

运行结果：

```
有多少支球队曾经获得过奥运会女排冠军：5
{'巴西', '中国', '古巴', '日本', '苏联'}
```

2. 集合与列表

列表和字符串可以被函数 set()强制转换为集合。

set()语法：

```
set(<列表或字符串>)
```

例如：

```
print(set([1,3,5,5,7,1]))
print(set("apple"))
```

运行结果：

```
{1, 3, 5, 7}
{'p', 'l', 'a', 'e'}
```

下面是一个列表被强制转换为集合的例子。

实例 e6.25setlist.py.

```
1    x0 = [1,1,2,2,3,3,4,4,5,5]   #列表
2    print('含有重复元素的一个列表x0: ',x0)
3    x0_set = set(x0)   #用函数set()将列表强制转换为集合
4    print('将列表x0转化一个集合: ',x0_set)
```

运行结果：

```
含有重复元素的一个列表x0: [1, 1, 2, 2, 3, 3, 4, 4, 5, 5]
将列表x0转化一个集合: {1, 2, 3, 4, 5}
```

可以发现，集合 x0_set 中没有重复的元素。

3．集合的操作

集合中的元素可以增加或删除。集合之间也可以进行运算，使用相应的操作符或方法来实现。

集合的常用函数和方法如下。

（1）创建集合：x=set()，y={1,2,2,3,1}，初始化时的重复元素会被丢弃。

（2）增加集合元素：y.add(8)。

（3）删除集合元素：y.remove(2)。

（4）成员关系：in 或 not in。

（5）集合的并集：x.union(y) 或 x | y。

（6）集合的差集：x.difference(y) 或 x–y。

（7）集合的交集：x.intersection(y) 或 x & y。

如图 6-9 所示，为集合类型的 3 种基本操作：并集、差集、交集。

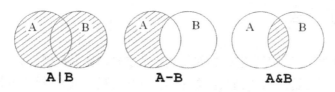

图6-9 集合的基本操作

下面是集合计算的案例。

实例 e6.26opset.py.

```
1   print('关于集合set的计算')
2   set1 = {1,2,3,4,5}
3   set2 = {2,3,4}
4   print('集合set1: ',set1,'\n集合set2: ',set2)
5   print('集合set1和集合set2的差集: ',set1-set2)
6   print('集合set1和集合set2的交集: ',set1&set2)
7   print('集合set1和集合set2的并集: ',set1|set2)
```

运行结果:

```
关于集合set的计算
集合set1: {1, 2, 3, 4, 5}
集合set2: {2, 3, 4}
集合set1和集合set2的差集: {1, 5}
集合set1和集合set2的交集: {2, 3, 4}
集合set1和集合set2的并集: {1, 2, 3, 4, 5}
```

4. 字典和集合

当数据元素没有顺序要求时,集合和字典是理想的数据结构。

动手试一试

6-10 对下面两个集合展开运算,分别给出并集、差集、交集的结果,并输出到屏幕。

```
set1 = {1,2,3,4,5,'a'}
set2 = {3,4,5,6,7,'a','b'}
```

6.7　你学到了什么

在本章中，你学到了以下内容：如何创建一个字典，什么是键值对，如何遍历字典，如何给字典解决排序问题，eval()函数，文件的打开与读写，pickle 模块与数据文件的存储，异常处理，英文小说的词频统计，字典加密，自制英汉词典，第三方库，爬虫，实现存储自动化，创建集合类型。

附录 A

Python 关键字和内置函数

表 A-1 列出 Python 关键字（保留字）。

表 A-1　Python 关键字

False	class	finally	is	return
None	continue	for	lambda	try
True	def	from	nonlocal	while
and	del	global	not	with
as	elif	if	or	yield
assert	else	import	pass	
break	except	in	raise	

如果将 Python 关键字用作变量名，将引发错误。

Python 内置了一些常量和函数，叫作内置常量和内置函数，用于实现各种不同的特定功能。随着版本更新，内置函数的个数和用法有些许差异，内置函数如表 A-2 所示。

表 A-2　Python 内置函数

abs()	divmod()	input()	open()	staticmethod()
all()	enumerate()	int()	ord()	str()
any()	eval()	isinstance()	pow()	sum()
basestring()	execfile()	issubclass()	print()	super()
bin()	file()	iter()	property()	tuple()
bool()	filter()	len()	range()	type()
bytearray()	float()	list()	raw_input()	unichr()

Callable()	format()	locals()	reduce()	unicode()
chr()	frozenset()	long()	reload()	vars()
classmethod()	getattr()	map()	repr()	xrange()
cmp()	globals()	max()	reversed()	zip()
compile()	hasattr()	memoryview()	round()	import()
complex()	hash()	min()	set()	apply()
delattr()	help()	next()	setattr()	buffer()
dict()	hex()	object()	slice()	coerce()
dir()	id()	oct()	sorted()	intern()

　　如果将内置函数名用作变量名，不会导致错误，但将引发麻烦，比如会覆盖掉函数的工作内容。

附录 B

习题参考答案

第 1 章　习题参考答案

1-1　在交互模式 ">>>" 中使用 Python 计算一周有多少分钟。

解答：

```
print(7*24*60)
```

1-2　编写一个简短的程序，使用 print 函数输出你的名字、出生日期，还有你喜欢的颜色。保存这个程序，然后运行。如果程序没有像你期望的那样运行或者给出了错误消息，试着改正错误，让它能够正确运行。

解答：

```
astr = "我是Lily,生于2002年7月1日,喜欢蓝色"
print(astr)
```

第 2 章　习题参考答案

2-1　计算 8/3 的值，如何得到 8 除以 3 的余数？如何得到 8 除以 3 的整数部分？小数点后保留 2 位。

解答：

```
x=round(8/3,2)
y=8%3  #取余
z=int(8/3)  #取整
print(x,y,z)
```

2-2　用 Python 计算 6 的 4 次幂，并输出结果。

解答：

```
print(6**4)
```

2-3 将同学的姓名、性别和班级存到变量中，再向屏幕显示一条消息，制作一段个性化消息，类似下面这样：

肖明海是男生，在 2 年级 3 班。

解答：

```
name="肖明海"
sex="男生"
banji="2年级3班"
print("{}是{}，在{}。".format(name,sex,banji))
```

2-4 找一句你喜欢的名人名言，并输出这个名人的姓名和名言，要求在其开头和末尾都包含一些制表符（\t）或换行符（\n）。输出应类似下面这样：

孔子曾说：

"学而时习之，不亦说乎？有朋自远方来，不亦乐乎？"

解答：

```
name = "孔子"
words = "学而时习之，不亦说乎？有朋自远方来，不亦乐乎？"
print(name+"曾说：")
print("\t "+words)
```

2-5 利用键盘输入 n，用 while 循环求解 1+2+…+n，要求输出格式如下：

请输入 n：10

1+2+…+10=55

解答：

```
numStr=input("请输入n:")
n=eval(numStr)
if(n<1):
    print("请输入大于等于1的整数")
sn=0
x=1
while(x<=n):
    sn=sn+x
```

```
    x+=1
print("1+2+...+{}={}".format(n,sn))
```

2-6　用 while 循环输出一个由 5 行的星号构成的金字塔，要求输出格式如下：

```
    *
   ***
  *****
 *******
*********
```

解答：

```
n=0
while(n<5):
    print(' '*(5-n)+'*'*(2*n+1))
    n+=1
```

2-7　利用键盘输入年份，判断是否为闰年。判断条件：能被 4 整除但不能被 100 整除，或能被 400 整除。

解答：

```
year=eval(input("请输入年份: "))
if (year%4==0 and year%100!=0) or year%400==0:
    print("{}是闰年".format(year))
else:
    print("{}不是闰年".format(year))
```

2-8　利用键盘输入成绩，判断等级：

成绩>=90，则等级为 A；

90>成绩>=80，则等级为 B；

80>成绩>=70，则等级为 C；

70>成绩>=60，则等级为 D；

成绩<60，则等级为 E。

解答:

```
score=eval(input("请输入百分制的成绩: "))
level=''
if score>=90:
    level = 'A'
elif score<90 and score>=80:
    level = 'B'
elif score<80 and score>=70:
    level = 'C'
elif score<70 and score>=60:
    level = 'D'
else:
    level = 'E'
print("成绩{}的等级为{}".format(score, level))
```

2-9 使用 while 循环来计数,从 1 数到 100,遇到尾数是 3 或 3 的倍数,就输出这个数字。

解答:

```
n=0
while n<=100:
    n+=1
    if (n % 10 == 3) or (n % 3 == 0):
        print(n)
```

2-10 使用循环程序不断地提示用户输入他/她喜欢的城市名称,我们在其中定义一个退出值(例如"q"),只要用户输入的不是这个值,程序就接着运行。

解答:

```
while True:
    astr = input("请输入你喜欢的城市名称(输入q退出): ")
    if(astr=='q'):
        break
    else:
        print(astr)
```

第 3 章 习题参考答案

3-1 输入五位数以内的正整数,将其转为中文大写,用"零壹贰叁肆伍陆柒捌玖"表示。

解答:

```
# 输入五位数以内的正整数，转中文大写，用零壹贰叁肆伍陆柒捌玖表示。
zw = "零壹贰叁肆伍陆柒捌玖"
bs = "拾百千万"
astr = input("输入五位数以内的正整数:")
n = len(astr)-1
newshu = ""
for i in astr:       #88951→8万8千9百5拾1
    k = int(i)
    newshu += zw[k]
    if n >=1:
        n=n-1
        newshu += bs[n]
print(newshu)
```

运行结果:

```
输入五位数以内的正整数:88951
捌万捌千玖百伍拾壹
```

3-2 输入一串数字，从左向右依次抽取奇数位和偶数位，将奇数位的数字排在偶数位的数字前，组成一个新的数字并输出。

解答:

```
s=input()
s1=s[::2]
s2=s[1::2]
print(s1+s2)
```

运行结果:

```
123456
135246
```

3-3 将字符串"By reading we enrich the mind."和字符串"By conversation we polish it."拼接成一个句子，格式如下:

By reading we enrich the mind, by conversation we polish it.

解答:

```
astr = "By reading we enrich the mind."
bstr = "By conversation we polish it."
```

```
cc = astr[0:-1]+','+bstr[0].lower()+bstr[1:]
print(cc)
```

3-4 将字符串 "By other's faults, wise men correct their own." 中的 "men" 替换成 "person"，并计算其包含的标点符号（包括逗号、句号、感叹号和问号）的个数。

解答：

```
astr = "By other's faults, wise men correct their own."
bstr = astr.replace('men','person')
print(bstr)
cc = ",'."
sum = 0
for i in bstr:
    if i in cc:
        sum+=1
print(sum)
```

3-5 采用凯撒加密法，将密钥换成 5，加密一段话 "You never know your luck"，看看密文是什么。

解答：

```
# -*- coding: UTF-8 -*-
message = "You never know your luck"#明文
key = 5   # 密钥
LETTERS = 'ABCDEFGHIJKLMNOPQRSTUVWXYZ'#字母表
translated = ''#密文
message = message.upper()#把message的字母全部变成大写
for c in message:
    if c in LETTERS:
        num = LETTERS.find(c) # 找到字母c在字母表LETTERS的索引
        num = num + key
        # len(LETTERS)=26字母表
        if num>= len(LETTERS):#大于26
            num = num - len(LETTERS)
        elif num< 0:
            num = num + len(LETTERS)
        # c的密文就是LETTERS[num]
        translated = translated + LETTERS[num]
        # print("{}--{}".format(c, LETTERS[num]))
    else:   #拼接字母以外的字符,如空格
        translated = translated + c
```

```
        # print(c)
print(translated.lower())#把字母全部变成小写再输出
```

密文:

```
dtzsjajwpstbdtzwqzhp
```

3-6　采用暴力破译法，解密一段话 "BPM AMKZMB XIAAEWZL QA ZWAMJCL"，看看明文是什么。

解答:

```
message ="BPM AMKZMB XIAAEWZL QA ZWAMJCL"
LETTERS = 'ABCDEFGHIJKLMNOPQRSTUVWXYZ'
message = message.upper()
for key in range(1,26):
    translated = ''
    for symbol in message:
        if symbol in LETTERS:
            num = LETTERS.find(symbol)
            num = num - key
            if num>= len(LETTERS):
                num = num - len(LETTERS)    #len(LETTERS)=26字母表
            elif num< 0:
                num = num + len(LETTERS)
            translated = translated + LETTERS[num]
        else:
            translated = translated + symbol
    print(key,translated.lower())
```

运行结果:

```
1 aol zljyla whzzdvyk pz yvzlibk
2 znk ykixkz vgyycuxj oy xuykhaj
3 ymj xjhwjy ufxxbtwi nx wtxjgzi
4 xli wigvix tewwasvh mw vswifyh
5 wkh vhfuhw sdvvzrug lv urvhexg
6 vjg ugetgv rcuuyqtf ku tqugdwf
7 uif tfdsfu qbttxpse jt sptfcve
8 the secret password is rosebud
9 sgd rdbqds ozrrvnqc hr qnrdatc
10 rfc qcapcr nyqqumpb gq pmqczsb
11 qeb pbzobq mxpptloa fp olpbyra
12 pda oaynap lwoosknz eo nkoaxqz
```

```
13 ocz nzxmzo kvnnrjmy dn mjnzwpy
14 nby mywlyn jummqilx cm limyvox
15 max lxvkxm itllphkw bl khlxunw
16 lzw kwujwl hskkogjv ak jgkwtmv
17 kyv jvtivk grjjnfiu zj ifjvslu
18 jxu iushuj fqiimeht yi heiurkt
19 iwt htrgti ephhldgs xh gdhtqjs
20 hvs gsqfsh doggkcfr wg fcgspir
21 gur frperg cnffjbeq vf ebfrohq
22 ftq eqodqf bmeeiadp ue daeqngp
23 esp dpncpe alddhzco td czdpmfo
24 dro combod zkccgybn sc bycolen
25 cqn bnlanc yjbbfxam rb axbnkdm
```

观察发现第8行是可阅读的文字，所以密钥是8，明文是"the secret password is rosebud"。

第4章 习题参考答案

4-1 将使用 while 语法实现九九乘法表的例子改用 for 和 range() 来实现。 对比两个程序，看看有什么不同。

解答：

```
for i in range(1,10):
    for j in range(1, 10):
        if j <= i:
            print("{}*{}={}".format(i,j,i*j), end=' ')
    print()
```

对比两个程序可以发现，涉及计数时，for 和 range 实现的代码更简洁美观。

4-2 请用户提供 5 个人的名字，编写程序将这 5 个名字保存在一个列表中并输出，不要带中括号和引号。

解答：

```
word = input("请输入5个名字(用空格隔开): ")
list=word.split(' ')
for i in list:
    print(i,end=' ')
```

4-3 请用户提供想去旅游的地点，编写程序将这些旅游的地点保存在一个列表中，排序并输出，不要带中括号和引号。

解答：

```
word = input("请用户提供想去旅游的地点 (输入 'q'表示离开)： ")
list=[]
while word != 'q': #输入q就结束输入
    list.append(word)
    word = input("请用户提供想去旅游的地点(输入 'q'表示离开)： ")
list.sort()
for i in list:
    print(i,end=' ')
```

4-4　请给计算机造句程序加上状语的结构，例如：在河边、周末、夜晚、夏天等。

解答：

```
from random import randint
zhu=['你','我','他','她']
wei=['吃','穿','做','打','看']
bin=['木瓜','草莓','猕猴桃','芒果','西瓜','甜菜','芹菜','卷心菜','金针菇','大白菜']
ding=['快乐的','炎热的','美丽的']
zhuang=['在河边','周末','夜晚','夏天']
dingyu=ding[randint(0,len(ding)-1)]
zhuyu=zhu[randint(0,len(zhu)-1)]
weiyu=wei[randint(0,len(wei)-1)]
binyu=bin[randint(0,len(bin)-1)]
zhuang=zhuang[randint(0,len(zhuang)-1)]
print(zhuang+dingyu+zhuyu+weiyu+binyu)
```

运行结果：

在河边美丽的你打金针菇

4-5　请尝试改变换位的规则，设计一个加密算法来加密一段文字。

解答：密钥改为 11，加密程序 e43_runtu.py 的明文，运行结果如下。

这出蓝的地时一的圆。候幅天月，神空，我异中下的的挂面脑图着是里画一海忽来轮边然：金的闪深黄沙

4-6　请按照你设计的加密算法，再做一个解密算法，看看解密的效果如何。

解答：密钥改为 11，修改和运行解密程序 e44_encrypt.py，运行得到明文。

第 5 章　习题参考答案

5-1　使用 turtle 库绘制 3 条边，效果如图 5-7（a）所示。

解答：

```
from turtle import *
left(45)
fd(150)
right(135)
fd(200)
left(135)
fd(150)
done()
```

5-2　使用 turtle 库的 fd()函数和 seth()函数绘制等边三角形，效果如图 5-7（b）所示。

解答：

```
from turtle import *
setup(500,500)
fd(100)
left(120)
fd(100)
left(120)
fd(100)
done()
```

5-3　使用 turtle 库的 fd()函数和 seth()函数绘制叠加等边三角形，效果如图 5-7（c）所示。

解答：

```
from turtle import *
fd(100)
seth(-120)
fd(100)
seth(120)
fd(100)
seth(60)
fd(100)
seth(-60)
fd(200)
```

```
seth(-180)
fd(200)
seth(60)
fd(100)
done()
```

5-4 使用 turtle 库绘制正方形螺旋线，效果如图 5-7（d）所示。

解答：

```
from turtle import *
pensize(1)
for x in range(100)
    forward(2*x)
    left(go)
done()
```

5-5 选择一本你喜欢的图书,编写一个名为 favorite_book() 的函数，其中包含一个书名为 title 的参数，用函数输出一条包含书名的消息。调用这个函数，并将图书的名称作为参数传递给函数。

解答：

```
def favorite_book(title):
    print(title)
favorite_book("哈利波特")
```

5-6 选择你喜欢的城市，编写一个名为 city_country() 的函数，它包含城市的名称及所属的国家，函数应返回一个包含这两项信息的字符串。请至少调用这个函数 3 次，并输出它返回的值。

解答：

```
def city_country(city,country):
    print(city+"位于"+country)
city_country("深圳","中国")
city_country("东京","日本")
city_country("纽约","美国")
```

5-7 选择你喜欢的音乐专辑，编写一个名为 music_album() 的函数，创建一个描述音乐专辑的字符串。这个函数应包含歌手的名字、专辑名和发行地区，返回一个包含这些信息的字符串。

解答：

```
def music_album(person,album,area):
    return("歌手{},专辑名{},{}".format(person,album,area))
s=music_album("周华健","风雨无阻","香港")
print(s)
```

5-8 修改科赫曲线实例代码，改变绘制的速度，改变科赫曲线为反向绘制，并修改科赫曲线的绘制颜色。

解答：

```
from turtle import *
def drawhua(t,a):
    if t == 1:
        forward(a)
        return
    drawhua(t-1,a/3)
    right(60)
    drawhua(t-1,a/3)
    left(120)
    drawhua(t-1,a/3)
    right(60)
    drawhua(t-1,a/3)
def main():
    mode('logo')
    speed(20)
    pencolor('red')
    pensize(2)
    up()
    goto(-130,-85)
    seth(90)
    down()
    for i in range(3):
        drawhua(4,300)
        left(120)
main()
done()
```

5-9 请用递归函数来计算 $1+2+\cdots+n$。

解答：

```
fsum(n) = fsum (n-1) + n
def fsum(n):
    if n==1:
        return 1
    return n * fsum(n - 1)
#调用该函数
fsum(25)
```

5-10　修改实例 e5.15tree.py，增加分型树的分支，修改分型树的颜色。

解答：

```
# 绘制分型树,末梢的树枝的颜色不同
import turtle
def draw_brach(brach_length):
    if brach_length > 5:
        if brach_length < 40:
            turtle.color('red')
        else:
            turtle.color('green')
        # 绘制右侧的树枝
        turtle.forward(brach_length)
        print('向前',brach_length)
        turtle.right(25)
        print('右转25')
        draw_brach(brach_length-15)
        # 绘制左侧的树枝
        turtle.left(50)
        print('左转50')
        draw_brach(brach_length-15)
        if brach_length < 40:
            turtle.color('red')
        else:
            turtle.color('green')
        # 返回之前的树枝上
        turtle.right(25)
        print('右转25')
        turtle.backward(brach_length)
        print('返回',brach_length)
def main():
    turtle.pensize(2)
    turtle.left(90)
```

```
    turtle.penup()
    turtle.backward(150)
    turtle.pendown()
    turtle.color('red')
    draw_brach(100)
    turtle.exitonclick()
main()
```

第 6 章 习题参考答案

6-1 罗马数字的出现比阿拉伯数字早 2000 多年。在阿拉伯数字传入之前，欧洲使用罗马数字。罗马数字与阿拉伯数字的对照关系如下：

Ⅰ-1、Ⅱ-2、Ⅲ-3、Ⅳ-4、Ⅴ-5、Ⅵ-6、Ⅶ-7、Ⅷ-8、Ⅸ-9、Ⅹ-10。

请创建一个罗马数字与阿拉伯数字的映射关系的字典，并输出。

解答：

```
alist=['Ⅰ','Ⅱ','Ⅲ','Ⅳ','Ⅴ','Ⅵ','Ⅶ','Ⅷ','Ⅸ','Ⅹ']
adict={}
for i in range(10):
    adict[i+1]=alist[i]
print(adict)
```

6-2 创建一个字典，其中存储两条河流及其流经的国家。使用 for 循环输出该字典中每条河流的名字和流经国家的名字。

解答：

```
alist=["中国","老挝","泰国","柬埔寨","越南"]
blist=["卢旺达","布隆迪","坦桑尼亚","肯尼亚","乌干达","扎伊尔","苏丹","埃塞俄比亚","埃及"]
river_country={}
river_country["湄公河"]=alist
river_country["尼罗河"]=blist
fork,v in river_country.items():
    print(k,v)
```

6-3 创建多个字典，每个字典只保存一种植物的信息，包含植物的名称及其属性。将这些字典存储在一个名为 plants 的列表中，再遍历该列表，输出植物的信息。

解答：

```
adict = {"植物名称":"常春藤","适宜生长":"南方","养殖":"耐阴, 不喜水, 春秋两季施肥"}
bdict = {"植物名称":"芦荟","适宜生长":"南方","功效":"美容,解毒,抗炎,再生,杀菌,缓解便秘", "
养殖":"砂质土壤一周浇水一次,喜光,对肥料的要求不高"}
plants=[adict,bdict]
for i in plants:
    print(i)
```

6-4　使用字典来存储每位家人的信息，包括姓名、年龄和居住的城市，并输出该字典。

解答：

```
family = {
    'mam': {
        'name': 'MingZ',
        'age': '30',
        'location': 'shenzhen',
    },
    'dad': {
        'name': 'JasonY',
        'age': '32',
        'location': 'guangzhou',
    },
    'me': {
        'name': 'RoseY',
        'age': '6',
        'location': 'shenzhen',
    }
}
print(family)
```

6-5　创建一个名为 cities 的字典，将城市名作为键；每座城市包含该城市所属的国家、人口约数以及一个有关该城市的美食。输出每座城市的名字及其相关信息。

解答：

```
cities = {
    'Shanghai': {
        'country': 'China',
        'population': '1400',
        'fact': 'noodle',
```

```
    },
    'NewYork': {
        'country': 'America',
        'population': '1500',
        'fact': 'hambarger',
    }
}
print(cities)
```

6-6   加法计算器

（1）编写一个程序，提示用户输入两个数字，并做加法运算。

（2）用户提供的是字符而不是数字时，程序使用 eval()函数尝试将输入转换为数值将引发 TypeError 异常，请提示用户重新输入数字。

（3）将两个数字相加并输出结果。

解答：

```
while True:
    try:
        x = eval(input("请输入第1个数字："))
        y = eval(input("请输入第2个数字："))
    except:
        print("输入的不是数字，请重新输入: ")
    else:
        print("{}+{}={}".format(x,y,x+y))
        break
```

6-7   猫和狗

（1）创建两个文件 cats.txt 和 dogs.txt，在第一个文件中至少存储 3 只猫的名字，在第二个文件中至少存储 3 条狗的名字。

（2）编写一个程序，尝试读取这些文件，并将内容输出到屏幕。

（3）将代码放在一个 try-except 代码块中，以便在文件不存在时捕获 FileNotFound 错误，并输出一条友好的消息。

解答：

```
def readfile(file):
    try:
```

```
            with open(file) as fp:
                lines = fp.readlines()
                for i in lines:
                    print(i)
    except FileNotFoundError:
        print(file+"文件不存在！")
readfile("cats.txt")
readfile("dogs.txt")
```

6-8　分析整本书

（1）选择一本文学作品，例如童话"Alice in Wonderland"的文本文件。

（2）读取该文件全文到一个字符串。

（3）使用 lower()将字符串转换为小写。

（4）使用 split()将字符串拆分为单词列表。

（5）尝试计算它包含多少个单词。

解答：

```
def count_words(filename):
    """计算一个文件大致包含多少个单词"""
    try:
        with open(filename) as fp:
            contents = fp.read()
    except FileNotFoundError:
        msg = "文件" + filename + " 不存在."
        print(msg)
    else:
        # 计算文件大致包含多少个单词
        words = contents.split()
        num_words = len(words)
        print("文件" + filename + "有" + str(num_words) +"个单词.")
filename = 'alice.txt'   #童话Alice in Wonderland的文本
count_words(filename).
```

运行结果：

```
文件alice.txt有48个单词.
```

6-9　完善单词爬虫的实例 e6.23youdao2.py，把数据保存一份副本到文本文件，方便随时翻阅。文本文件指定到磁盘 D 区的根目录"D:\words.txt"。

解答：

```
fo = open("words.txt","w")
for i in list(mydict.items()):
    fo.writelines(i[0]+","+str(i[1])+"\n")
fo.close()
```

6-10　对下面两个集合展开运算，分别给出并集、差集、交集的结果，并输出到屏幕。

set1 = {1,2,3,4,5,'a'}

set2 = {3,4,5,6,7,'a','b'}

解答：

```
set1 = {1,2,3,4,5,'a'}
set2 = {3,4,5,6,7,'a','b'}
print('集合set1: ',set1,'\n集合set2: ',set2)
print('集合set1和集合set2的并集: ',set1|set2)
print('集合set1和集合set2的差集: ',set1-set2)
print('集合set1和集合set2的交集: ',set1&set2)
```

运行结果：

```
集合set1:  {1, 2, 3, 4, 5, 'a'}
集合set2:  {3, 4, 5, 6, 7, 'b', 'a'}
集合set1和集合set2的并集:  {1, 2, 3, 4, 5, 6, 7, 'b', 'a'}
集合set1和集合set2的差集:  {1, 2}
集合set1和集合set2的交集:  {3, 4, 5, 'a'}
```

附录 C

Python 科学绘图样本